U0159058

国家电网公司
电力科技著作出版项目

柔性直流电网技术丛书

换流技术与设备

庞 辉 主编

中国电力出版社
CHINA ELECTRIC POWER PRESS

内 容 提 要

随着能源系统不断向低碳化转型，风电、光伏等清洁能源发电占比的不断增大，电网的灵活性和可控性需要提升，结构形态也需要随之变化。采用柔性直流输电技术构建而成的直流输电网络，可实现大规模可再生能源的广域互补送出，提高新能源并网能力，是柔性直流输电未来的重要发展趋势。《柔性直流电网技术丛书》共5个分册，从电网控制与保护、换流技术与设备、实时仿真与测试、过电压及电磁环境、高压直流断路器等方面，全面翔实地介绍了柔性直流电网的基础理论、关键技术和核心装备。

本分册为《换流技术与设备》，共5章，分别为概述、换流器调制与控制保护技术、换流器电气与结构设计、换流器控制保护系统和换流器试验技术。

本丛书可供从事高压直流输电、大功率电力电子技术等相关专业的科研、设计、运行人员与输变电工程技术人员在工作中参考使用，也可作为高等院校相关专业师生的参考书。

图书在版编目（CIP）数据

换流技术与设备 / 庞辉主编. —北京：中国电力出版社，2021.12（2023.3 重印）
（柔性直流电网技术丛书）
ISBN 978-7-5198-6197-1

Ⅰ. ①换…　Ⅱ. ①庞…　Ⅲ. ①直流输电–换流器　Ⅳ. ①TM46

中国版本图书馆 CIP 数据核字（2021）第 233062 号

出版发行：中国电力出版社
地　　址：北京市东城区北京站西街 19 号（邮政编码 100005）
网　　址：http://www.cepp.sgcc.com.cn
策划编辑：王春娟　赵　杨
责任编辑：邓慧都（010-63412636）
责任校对：王小鹏
装帧设计：张俊霞
责任印制：石　雷

印　　刷：北京博海升彩色印刷有限公司
版　　次：2021 年 12 月第一版
印　　次：2023 年 3 月北京第二次印刷
开　　本：710 毫米×1000 毫米　16 开本
印　　张：12.75
字　　数：220 千字
印　　数：1001—1500 册
定　　价：88.00 元

进入 21 世纪，能源的清洁低碳转型已经成为全球的共识。党的十九大指出：要加强电网等基础设施网络建设，推进能源生产和消费革命，构建清洁低碳、安全高效的能源体系。2020 年 9 月 22 日，习近平总书记在第七十五届联合国大会上提出了我国"2030 碳达峰、2060 碳中和"的目标。其中，电网在清洁能源低碳转型中发挥着关键和引领作用。但新能源发电占比的快速提升，给电网的安全可靠运行带来了巨大挑战，因此电力系统的发展方式和结构形态需要相应转变。

一方面，大规模可再生能源的接入需要更加灵活的并网方式；另一方面，高比例可再生能源的广域互补和送出也需要电网具备更强的调节能力。柔性直流输电作为 20 世纪末出现的一种新型输电方式，以其高度的可控性和灵活性，在大规模风电并网、大电网柔性互联、大型城市和孤岛供电等领域得到了广泛应用，成为近 20 年来发展速度最快的输电技术。而采用柔性直流输电技术构成直流输电网络，可以将直流输电技术扩展应用到更多的领域，也为未来电网结构形态的变革提供了重要手段。

针对直流电网这一全新的技术领域，2016 年度国家重点研发计划项目"高压大容量柔性直流电网关键技术研究与示范"在世界上首次系统性开展了直流电网关键技术研究和核心装备开发，提出了直流电网构建的技术路线，探索了直流电网的工程应用模式，支撑了张北可再生能源柔性直流电网示范工程（简称张北柔性直流电网工程）建设，为高比例可再生能源并网和输送等问题提供了全新的解决方案。

张北地区有着大量的风电、光伏等可再生能源，但本地消纳能力有限，需实现大规模可再生能源的高效并网和外送。与此同时，北京地区也迫切需要更加清洁绿色的能源供应。为此，国家规划建设了张北柔性直流电网工程。该工程汇集张北地区风电和光伏等可再生能源，同时接入抽水蓄能电站进行功率调节，将所接收的可再生能源 100%送往 2022 年北京冬奥会所有场馆和北京负荷中心。2020 年 6 月 29 日，工程成功投入运行，成为世界上首个并网运行的柔性直流电网工程。这是国际电力领域发展的一个重要里程碑。

为总结和传播"高压大容量柔性直流电网关键技术研究与示范"项目的技术研发及其在张北柔性直流电网工程应用的成果，我们组织编写了《柔性直流电网技术丛书》。丛书共分 5 册，从电网控制与保护、换流技术与设备、实时仿真与测试、过电压及电磁环境、高压直流断路器等方面，全面翔实地介绍了柔性直流电网的相关理论、设备与工程技术。丛书的编写体现科学性，同时注重实用性，希望能够对直流电网领域的研究、设计和工程实践提供借鉴。

在"高压大容量柔性直流电网关键技术研究与示范"项目研究及丛书形成的过程中，国内电力领域的科研单位、高等院校、工程应用单位和出版单位给予了大力的帮助和支持，在此深表感谢。

未来，全球范围内能源领域仍将继续朝着清洁低碳的方向发展，特别是随着我国"碳达峰、碳中和"战略的实施，柔性直流电网技术的应用前景广阔，潜力巨大。相信本丛书将为科研人员、高校师生和工程技术人员的学习提供有益的帮助。但是作为一种全新的电网形态，柔性直流电网在理论、技术、装备、工程等方面仍然处于起步阶段，未来的发展仍然需要继续开展更加深入的研究和探索。

中国工程院院士
全球能源互联网研究院院长
2021 年 12 月

经过 100 多年的发展，电力系统已成为世界上规模最大、结构最复杂的人造系统。但是随着能源系统不断向低碳化转型，风电、光伏等清洁能源发电占比不断增大，电网的灵活性和可控性需要提升，结构形态也需要随之变化。

20 世纪末，随着高压大功率电力电子技术与电网技术的加速融合，出现了电力系统电力电子技术新兴领域，可实现对电力系统电能的灵活变换和控制，推动电网高效传输和柔性化运行，也为电网灵活可控、远距离大容量输电、高效接纳可再生能源提供了新的手段。而柔性直流输电技术的出现，将电力系统电力电子技术的发展和应用推向了更广泛的领域。尤其是采用柔性直流输电技术可以很方便地构建直流电网，使得直流的网络化传输成为可能，从而出现新的电网结构形态。

我国张北地区风电、光伏等可再生能源丰富，但本地消纳能力有限，张北地区需实现多种可再生能源的高效利用，相邻的北京地区也迫切需要清洁能源的供应。为此，国家规划建设了世界上首个柔性直流电网工程——张北可再生能源柔性直流电网示范工程（简称张北柔性直流电网工程），标志着柔性直流电网开始从概念走向实际应用。依托 2016 年度国家重点研发计划项目"高压大容量柔性直流电网关键技术研究与示范"，国内多家科研院所、高等院校和产业单位，针对柔性直流电网的系统构建、核心设备、运行控制、试验测试、工程实施等关键问题开展了大量深入的研究，有力支撑了张北柔性直流电网工程的建设。2020 年 6 月 29 日，工程成功投运，实现了将所接收的新能源 100%外送，并将为 2022 年北京冬奥会提供绿色电能。该工程创造了世界上首个具有网络特性的直流电网工程，世界上首个实现风、光、储多能互补的柔性直流工程，世界上新能源孤岛并网容量最大的柔性直流工程等 12 项世界第一，是实现清洁能源大规模并网、推动能源革命、践行绿色冬奥理念的标志性工程。

依托项目成果和工程实施，项目团队组织编写了《柔性直流电网技术丛书》，详细介绍了在高压大容量柔性直流电网工程技术方面的系列研究成果。丛书共 5

册，包括《电网控制与保护》《换流技术与设备》《实时仿真与测试》《过电压及电磁环境》《高压直流断路器》，涵盖了柔性直流电网的基础理论、关键技术和核心装备等内容。

本分册是《换流技术与设备》，共 5 章。第 1 章主要介绍柔性直流换流技术、换流器工作原理和数学模型；第 2 章主要介绍换流器调制与控制保护技术；第 3 章主要介绍换流器电气与结构设计；第 4 章主要介绍换流器控制保护系统；第 5 章主要介绍换流器试验技术。本分册的相关研究内容和技术成果，都已经在实际装备研发和工程中得到了应用与验证，满足了我国柔性直流电网技术发展的重大需求，也为我国相关技术领域的进步提供了有益借鉴。

在本分册的撰写过程中，得到了编写组和课题组研究人员的全力支持。本分册由庞辉进行统稿与修改。其中，第 1 章由庞辉编写；第 2 章由李强、姚陈果编写；第 3 章由庞辉、许韦华、王跃编写；第 4 章由林磊、贾东强编写；第 5 章由许韦华、尹靖元编写。

本丛书可供从事高压直流输电、大功率电力电子技术等相关专业的科研、设计、运行人员与输变电工程技术人员在工作中参考使用，也可作为高等院校相关专业师生的参考书。由于作者水平有限，书中难免存在疏漏之处，欢迎各位专家和读者给予批评指正。

编　者

2021 年 12 月

Contents >>　　　　　　　　　　　　　　目 录

序言
前言

1

概　述

　　柔性直流输电技术是基于可关断器件和电压源换流器的直流输电技术。柔性直流输电工程中采用的电压源换流技术主要分为两类，即"开关型"换流技术和"可控电压源型"换流技术。前者的代表是"两电平换流"技术，在柔性直流输电工程发展的早期应用较多，后者的代表则是"模块化多电平换流器（modular multilevel converter，MMC）"技术，也是目前柔性直流输电工程的主流技术。

　　电压源换流器是柔性直流输电技术的核心装备，在柔性直流输电技术领域也被称为"柔性直流换流器"。本章将主要介绍柔性直流换流技术、换流器工作原理和数学模型，这是换流器及其控制保护设计的理论基础。

1.1　柔性直流换流技术

　　高压直流（high-voltage direct current，HVDC）输电技术是将交流电变换成高压直流电进行传输，再将高压直流电变换成交流电进行使用的技术。世界上最早的直流输电是采用直流发电机直接向直流负荷进行供电。1882 年法国物理学家 Marcel Deprez 用装设在米斯巴赫煤矿中的直流发电机，以 1.5～2.0kV 电压，沿着 57km 的线路，把电力送到慕尼黑国际展览会上，完成了有史以来的第一次直流输电试验。然而，早期的直流输电由于电压提升困难、系统可靠性低，无法实现大规模的工程化应用，因此在与交流输电的竞争中落在了下风。

　　直到 20 世纪 50 年代出现了大功率汞弧整流器，直流输电技术才真正体现出工程实用价值。1954 年，世界上第一个高压直流输电工程投入商业化运行，标志着基于汞弧换流技术的高压直流输电技术诞生。20 世纪 70 年代初晶闸管器件出现，基于晶闸管的线路换相换流器（line commutated converter，LCC）开始应用于直流输电工程，由于其特性良好，很快取代了汞弧阀换流技术，并使得高压直流输电技术得到快速发展。到 21 世纪初，全世界范围内建成了 100 多条高压直流输电工程，电压等级达 ±800kV 以上，输送容量 10000MW 以上，成为超大规模、超远距离电力输送的主要技术手段。

1990 年，加拿大 McGill 大学的 Boon-TeckOoi 等提出了基于电压源换流器的高压直流输电（voltage source converter based HVDC，VSC-HVDC）概念，又称为柔性直流输电（Flexible HVDC）和轻型直流输电（HVDC light）。1997 年 3 月，在瑞典中部的海尔森和格兰杰斯堡之间，完成了世界首个 VSC-HVDC 系统的工业性试验。该试验系统的功率为 3MW，直流电压等级为 ±10kV，输电距离为 10km，分别连接到两个 10kV 的交流电网。工程中的换流器采用绝缘栅双极晶体管（insulated gate bipolar transistor，IGBT）器件和两电平换流技术，并基于脉宽调制（pulse-width modulation，PWM）技术对换流器进行控制，工程表现出了预期的功能和特性，使得柔性直流输电作为一种新型输电方式正式登上舞台。1999 年 6 月，世界上首个商业化的柔性直流输电工程在瑞典格特兰岛投运。该工程用于将纳斯风电场的电能送到维斯比，其容量为 50MW，直流电压为 ±80kV。此后，柔性直流输电作为一种新兴的输电技术开始进入大规模发展的商业应用阶段，电压等级和容量不断得到提升。但是由于两电平换流器技术固有的特性，其在实现电能交直流变换过程中必须要依赖串联 IGBT 组的高频开通和关断，不仅使得换流器参数等级难以提升，而且还存在串联电压均衡难、谐波含量高、运行损耗大等缺陷，导致柔性直流工程容量很难继续提升，无法满足日益增大的风电场并网及大电网柔性互联等场合的应用需求，严重制约了柔性直流技术发展和大范围推广。

2001 年，德国学者 R.Marquardt 教授提出了模块化多电平换流器（MMC）拓扑结构，它由多个结构相同、状态独立的子模块（sub-module，SM）级联构成，通过功率单元的组合输出实现交直流变换，具有扩展性好、谐波含量低、运行损耗小等显著优势。该技术自出现以来，由于其良好的特性得到了快速的发展。2010 年 12 月，世界首个基于 MMC 的柔性直流输电工程在美国投运。2011 年 7 月，我国首条柔性直流输电工程在上海投运，也是基于了 MMC 技术。目前柔性直流输电工程的容量已经超过 3000MW，电压等级也在不断提升。

1.1.1 开关型换流技术

柔性直流输电中采用的"开关型"换流器，主要为两电平换流器和三电平换流器两种类型。

两电平换流器包含六个桥臂（见图 1-1），每个桥臂由 IGBT 和与之反并联的二极管（free-wheeling diode，FWD）组成。在高压大容量应用场合下，为了提高换流器容量和电压等级，每个桥臂均由大量 IGBT 串联组成，串联的个数则由换流器的额定电压决定。

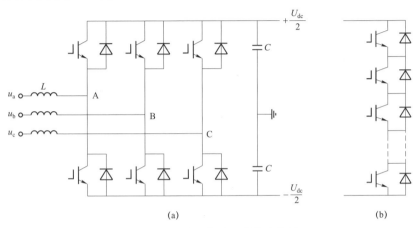

图 1-1　两电平换流器的基本结构

（a）两电平拓扑结构；（b）单个桥臂结构

两电平换流器的每相可输出两个电平（即$+U_{dc}/2$ 和 $-U_{dc}/2$），从而形成方波电压输出（见图 1-2），并通过 PWM 调制来逼近正弦波。

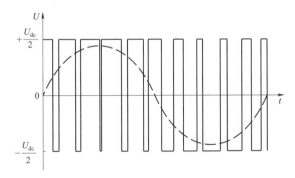

图 1-2　两电平换流器电压输出

通常使用的三电平换流器主要为二极管钳位型和飞跨电容型，其中二极管钳位型三电平换流器的基本结构如图 1-3 所示。

三电平换流器每相可以输出三个电平，即$+U_{dc}/2$、0、$-U_{dc}/2$。在实际使用中，三电平换流器也是通过 PWM 调制来逼近正弦波的，三电平换流器电压输出如图 1-4 所示。

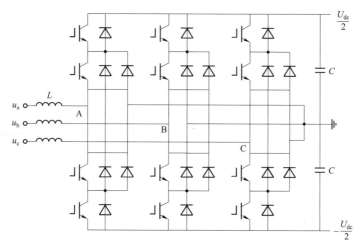

图 1-3　二极管钳位型三电平换流器的基本结构

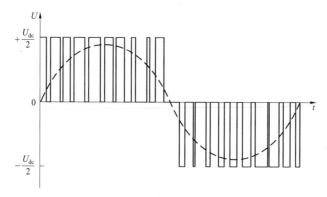

图 1-4　三电平换流器电压输出波形

1.1.2　可控电压源型换流技术

目前，柔性直流输电领域的"可控电压源型"换流器通常指的是模块化多电平换流器（MMC）。MMC 的桥臂采用子模块级联的方式，每个桥臂由多个子模块和一个串联电感 L_0 组成，同相的上下两个桥臂构成一个相单元（见图 1-5）。

典型的 MMC 子模块电路如图 1-6 所示。u_C 为子模块电容电压，u_{sm} 和 i_{sm} 分别为单个子模块的输出电压和电流。

MMC 的工作原理与两电平、三电平换流器存在较大差异，一般不采用 PWM 调制来逼近正弦波，而是采用阶梯波调制的方式来逼近正弦波，MMC 换流器电压输出波形如图 1-7 所示。

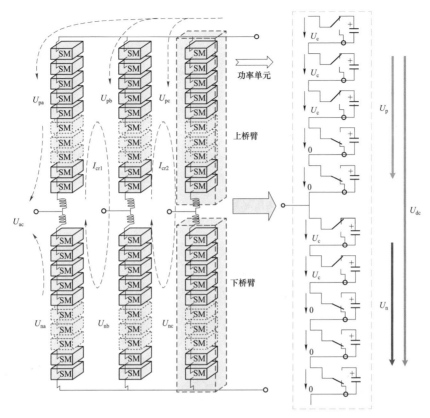

图 1-5　MMC 拓扑结构及其桥臂等效电路

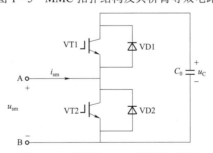

图 1-6　典型的 MMC 子模块电路

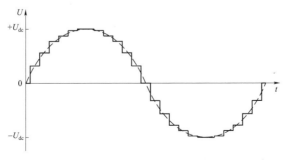

图 1-7　MMC 换流器电压输出波形

1.1.3 换流技术对比

对于两电平换流器来说，在不改变拓扑结构、调制方式和控制环节的前提下，通过增加或减少换流器中串联的开关器件个数，就可以改变换流器的额定电压。但是高压直流输电中的换流器额定电压较高，每个桥臂都需要串联大量开关器件，从而带来了串联器件的静态和动态均压问题。此外，两电平换流器在变换过程中，还会产生很高的阶跃电压（$\mathrm{d}u/\mathrm{d}t$），这对直流系统内的交流设备（比如连接变压器）极为有害。为了得到比较好的动态性能和谐波特性，两电平换流器中的 IGBT 需要工作在高频下（通常在 1kHz 以上），较高的开关频率导致换流器的开关损耗相对较高。此外，虽然采用高频开关和 PWM 调制技术的结合，但是两电平换流器的输出电压谐波含量仍然比较大，还需要使用滤波器来进行滤除才能够满足电网要求。

三电平换流器与两电平换流器比较类似。但在相同的开关频率下，三电平换流器输出电压的谐波水平低于两电平换流器。而且在相同的直流系统电压下，三电平换流器产生的阶跃电压（$\mathrm{d}u/\mathrm{d}t$）仅为两电平换流器的一半，开关损耗也低于两电平换流器。因此，这种换流技术在一些柔性直流输电工程中也得到了应用。然而，实际应用中也存在一些问题，以二极管钳位型三电平换流器拓扑结构为例，不仅需要大量的钳位二极管，存在电容电压不平衡问题，而且换流器中每组桥臂承受的电压不相同，不利于模块化的设计和实现。

相对于两电平和三电平换流器拓扑结构，MMC 具有以下 5 个方面的优势。

（1）损耗小。MMC 拓扑结构大大降低了 IGBT 的开关频率，从而使换流器的损耗成倍下降。这是由于 MMC 拓扑结构采用阶梯波逼近正弦波的调制方式。理想情况下，一个工频周期内开关器件只要开关 2 次，考虑了电容电压平衡控制和其他控制因素后，开关器件的开关频率通常不超过 150Hz。这与两电平和三电平换流器拓扑结构开关器件 1kHz 以上的开关频率形成了鲜明的对比。

（2）电气应力低。由于 MMC 所产生的电压阶梯波的每个阶梯都不大，MMC 桥臂上的阶跃电压（$\mathrm{d}u/\mathrm{d}t$）和阶跃电流（$\mathrm{d}i/\mathrm{d}t$）都比较小，从而使得开关器件承受的应力大为降低，同时产生的高频辐射也大为降低，这样就容易满足电磁兼容指标的要求。

（3）谐波含量少。由于 MMC 电平数很多，输出的电压阶梯波已非常接近正弦波，各次谐波含有率和总谐波畸变率通常已能满足相关标准的要求，不需要安装交流滤波器。例如，美国旧金山的 Trans Bay Cable 柔性直流输电工程，每个桥臂仅采用了 200 个子模块，输出电压的波形质量就已能满足要求，不需要安装交流滤波器。

（4）对 IGBT 器件的要求低。两电平和三电平换流器对 IGBT 参数一致性和驱动器控制性能要求非常高，只有离散性较小的 IGBT 才能实现较好的静态和动态均压功能。此外，由于对失效模式的要求，必须使用压接式的 IGBT 器件，两电平和三电平换流器实现高电压大容量具有一定的难度。而 MMC 拓扑结构，对所使用的 IGBT 器件类型和参数一致性都没有要求。

（5）故障处理能力强。MMC 直流侧没有高压电容器组，并且桥臂上的 L_0 与分布式的储能电容器串联，从而可以直接限制内部故障或外部故障下的故障电流上升率，故障清除更加容易。

当然，MMC 拓扑结构与两电平或三电平换流器拓扑结构相比，也有一些不足的地方。

（1）使用的 IGBT 器件数量多。对于同样电压的换流器，MMC 采用的 IGBT 器件数量较多，接近两电平换流器拓扑结构的 2 倍。

（2）控制复杂度高。MMC 虽然避免了两电平和三电平换流器中 IGBT 直接串联的困难，但控制和保护的技术难度有所增加，如子模块电容电压的均衡控制以及各桥臂之间的环流控制。

总体看来，对于直流输电这一应用场合，MMC 比两电平或三电平换流器的优势更为突出。因此，自 MMC 技术出现以来，新建的柔性直流输电工程基本都采用了该技术。本书后续的内容也都将围绕 MMC 展开，其中的换流器若无特别说明，均指的是 MMC。

1.2　换流器工作原理

三相模块化多电平换流器的拓扑结构如图 1-5 所示。换流器包含 6 个桥臂（arm），每个桥臂由一个电抗器 L_0 和 N 个子模块（SM）串联而成，每一相的上下两个桥臂合在一起称为一个相单元（phase unit），O 点表示直流侧零电位参考点，用 O′表示交流侧零电位参考点。

模块化多电平换流器能够通过增减接入换流器的子模块数量来满足不同功率和电压等级的要求，便于实现集成化、模块化设计，缩短项目周期，节约成本。

与两电平电压源换流器拓扑结构不同，尽管模块化多电平换流器的三相桥臂也是并联的，但交流电抗器是直接串联在桥臂中的，而不像两电平电压源换流器那样是接在换流器与交流系统之间。这样的好处是可以抑制因各相桥臂直流电压瞬时值不完全相等而造成的相间环流，同时还可有效抑制直流母线发生故障时的冲击电流，提高系统的可靠性。

针对模块化多电平换流器的拓扑，本节将介绍其中子模块以及换流器的工作原理。

1.2.1　子模块工作原理

图 1-6 所示为一个子模块（SM）的拓扑结构，VT1 和 VT2 代表 IGBT，VD1 和 VD2 代表反并联二极管，C_0 代表子模块的直流侧电容器；u_C 为电容器的电压，u_{sm} 为子模块两端的电压，i_{sm} 为流入子模块的电流，各物理量的参考方向如图 1-6 中所示。由图 1-6 可知，每个子模块有一个连接端口用于串联接入主电路拓扑，各子模块的端口电压叠加起来就构成了模块化多电平换流器的直流母线电压。

子模块共有 3 种工作状态（见表 1-1）。根据子模块上下桥臂 IGBT 的开关状态和电流方向，可以定义为 6 个工作模式。

表 1-1　　　　　　　　　　子模块的 3 种工作状态

工作状态 1	工作状态 2	工作状态 3
模式1	模式2	模式3
模式4	模式5	模式6

（1）当 VT1 和 VT2 都施加关断信号时，称为工作状态 1，此时 $IGBT_1$ 和 $IGBT_2$ 都处于关断状态。工作状态 1 存在两种工作模式，分别为模式 1 和模

式 4，取决于反并联二极管 VD1 和 VD2 中哪一个导通。对应于模式 1，VD1 导通，电流经过 VD1 向电容器充电；对应于模式 4，VD2 导通，电流经过 VD2 将电容器旁路。工作状态 1 为非正常工作状态，用于模块化多电平换流器启动时向子模块电容器充电，或者在故障时将子模块电容器旁路。用"闭锁状态"代表此种 VT1 承受反向电压的工作状态。正常运行时，不允许出现此种工作状态。

（2）当 VT1 施加导通信号而 VT2 施加关断信号时，称为工作状态 2，此时 VT2 因施加关断信号而处于关断状态，VD2 因承受反向电压也处于关断状态。工作状态 2 同样也存在两种工作模式，分别为模式 2 和模式 5，取决于子模块电流的流动方向。对应于模式 2，此时 VD1 处于导通状态，而 VT1 承受反向电压，尽管施加了开通信号，仍然处于关断状态，电流经过 VD1 向电容器充电。对应于模式 5，此时 VT1 处于导通状态，而 VD1 承受反向电压而处于关断状态，电流经过 VD1 使电容器放电。当子模块处于工作状态 2 时，直流侧电容器总被接入主电路中（充电或放电），子模块输出电压为电容电压 U_C，用"投入状态"代表此种工作状态。

（3）当 VT1 施加关断信号而 VT2 施加导通信号时，称为工作状态 3，此时 VT1 因施加关断信号而处于关断状态，VD1 因承受反向电压也处于关断状态。工作状态 3 同样也存在两种工作模式，分别为模式 3 和模式 6，取决于子模块电流的流动方向。对应于模式 3，此时 VT2 处于导通状态，而 VD2 承受反向电压，尽管施加了开通信号，仍然处于关断状态，电流经过 VT2 将电容器旁路。对应于模式 6，此时 VD2 处于导通状态，而 VT2 承受反向电压而处于关断状态，电流经过 VD2 将电容器旁路。当子模块处于工作状态 3 时，直流侧电容器总被旁路出主电路，子模块输出电压为 0，用"切除状态"代表此种工作状态。

总结上述分析可得表 1-2，表中对于 VT1、VT2、VD1、VD2，开关状态 1 对应导通状态，0 对应关断状态。从表 1-2 可以看出，对应于每一种模式，VT1、VT2、VD1、VD2 中有且仅有一个管子处于导通状态，因此可以认为，SM 进入稳态模式后，有且仅有一个管子处于导通状态，其余 3 个管子都处于关断状态。另外，若将 VT1 与 VD1、VT2 与 VD2 分别集中起来作为开关 S_1 和 S_2 看待，那么对应投入状态，S_1 是导通的，电流可以双向流动，而 S_2 是断开的；对应切除状态，S_2 是导通的，电流可以双向流动，而 S_1 是断开的；而对应闭锁状态，S_1 和 S_2 中哪个导通，哪个关断是不确定的。

表 1-2 　　　　　　　　　SM 的 3 种工作状态和 6 种工作模式

状态	模式	VT1	VT2	VD1	VD2	电流方向	u_{sm}	说明
闭锁	1	0	0	1	0	A 到 B	u_C	电容充电
投入	2	0	0	1	0	A 到 B	u_C	电容充电
切除	3	0	1	0	0	A 到 B	0	旁路
闭锁	4	0	0	0	1	B 到 A	0	旁路
投入	5	1	0	0	0	B 到 A	u_C	电容放电
切除	6	0	0	0	1	B 到 A	0	旁路

因此，通过对每个 SM 上下两个 IGBT 的开关状态进行控制，就可以实现该子模块的投入或者切出。

1.2.2　换流器基本工作原理

MMC 的拓扑结构如图 1-5 所示。为说明模块化多电平换流器的基本工作原理，先不考虑桥臂电抗器的作用，即将桥臂电抗器短接。正常稳态运行时，模块化多电平换流器具有以下特征。

（1）维持直流电压恒定。从图 1-5 可以看出，直流电压由 3 个相互并联的相单元来维持。要使直流电压恒定，要求 3 个相单元中处于投入状态的子模块数相等且不变，从而使

$$U_{pa} + U_{na} = U_{pb} + U_{nb} = U_{pc} + U_{nc} = U_{dc} \qquad (1-1)$$

当 a 相上桥臂所有子模块都切除时，$U_{pa}=0$，U_a 点电压为直流正极电压，这时 a 相下桥臂所有的 N 个子模块要全部投入，才能获得最大的直流电压。换句话说，相单元中处于投入状态的子模块数是一个不变的量，每个相单元中处于投入状态的子模块数为 N 个，是该相单元全部子模块数（$2N$）的一半。

（2）输出交流电压。由于各个相单元中处于投入状态的子模块数是一个定值 N，可以通过调节各相单元中处于投入状态的子模块在该相单元上、下桥臂之间的分配情况而实现对 U_{va}、U_{vb} 和 U_{vc} 3 个输出电压的调节。

（3）输出电平数。单个桥臂中处于投入状态的子模块数可以是 0、1、…、N，也就是说模块化多电平换流器最多能输出的电平数为 $N+1$。通常一个桥臂含有的子模块数 N 是偶数，这样当 N 个处于投入状态的子模块在该相单元的上、下桥臂间平均分配时，则上、下桥臂中处于投入状态的子模块数相等，且都为 $N/2$，该相单元的输出电压为零电平。

（4）维持电流的分布。参照图 1-5，由于 3 个相单元的对称性，总直流电流 I_{dc} 在 3 个相单元之间平均分配，每个相单元中的直流电流为 $I_{dc}/3$。由于上、

下桥臂电抗器 L_0 相等，以 a 相为例，交流电流 i_{va} 在 a 相上下桥臂间均分，这样 a 相上、下桥臂电流为

$$i_{pa} = I_{dc}/3 + i_{va}/2 \qquad (1-2)$$

$$i_{na} = I_{dc}/3 - i_{va}/2 \qquad (1-3)$$

为了对模块化多电平换流器的工作原理有一个更直观的理解，以一个简单的五电平模块化多电平换流器为例进行详细说明。五电平 MMC 的每个相单元由 8 个子模块构成，上下桥臂各有 4 个子模块，如图 1-8 所示。图 1-8 中实线表示上桥臂电压，虚线表示下桥臂电压，粗实线表示总的直流侧电压。

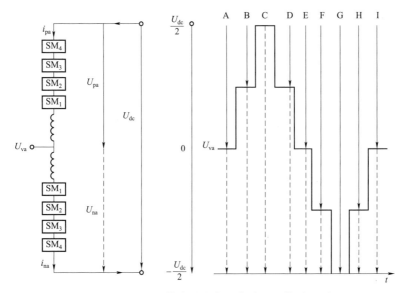

图 1-8　五电平模块化多电平换流器工作原理图

模块化多电平换流器运行时要满足以下两个条件。

（1）在直流侧维持直流电压恒定。根据图 1-8，要使直流电压恒定，要求 3 个相单元中处于投入状态的子模块数相等且不变，即满足图 1-8 中粗实线的要求

$$U_{pa} + U_{na} = U_{dc} \qquad (1-4)$$

（2）在交流侧输出三相交流电压。通过对 3 个相单元上、下桥臂中处于投入状态的子模块数进行分配而实现对换流器输出三相交流电压的调节，即通过调节图 1-8 中实线 U_{pa} 和虚线 U_{na} 的长度，达到交流侧输出电压 U_{va} 为正弦波的目的。

为了满足上述两个条件，对于图 1-8 所示的五电平模块化多电平换流器，一个工频周期内 U_{va} 需要经历 A、B、C、D、E、F、G、H 这 8 个不同的时间段。设直流侧两极之间的中点电位为电压参考点，则对应 U_{va} 的 8 个不同的时间段，

上下桥臂投入的子模块数目变化情况见表1－3。

表1－3　　　　　U_{va} 8 个不同的时间段所对应的子模块投入模式

时间段	A	B	C	D	E	F	G	H
U_{va} 电压值	0	$U_{dc}/4$	$U_{dc}/2$	$U_{dc}/4$	0	$-U_{dc}/4$	$-U_{dc}/2$	$-U_{dc}/4$
上桥臂投入的 SM 数	2	1	0	1	2	3	4	3
下桥臂投入的 SM 数	2	3	4	3	2	1	0	1
相单元投入的 SM 数	4	4	4	4	4	4	4	4
直流侧电压大小	U_{dc}	U_{dc}	U_{dc}	U_{dc}	U_{dc}	U_{dc}	U_{dc}	U_{dc}

由图1－8和表1－3可知，输出电压 U_{va} 总共有 5 个不同的电压值，分别为 $-U_{dc}/2$、$-U_{dc}/4$、0、$U_{dc}/4$、$U_{dc}/2$，即有 5 个不同的电平。一般地，在不考虑冗余的情况下，若模块化多电平换流器每个相单元由 $2N$ 个子模块串联而成，则上桥臂分别有 N 个子模块，可以构成 $N+1$ 个电平，任一瞬时每个相单元投入的子模块数目为 N，即投入的子模块数目必须满足式（1－5）

$$n_{pj} + n_{nj} = N \qquad (1-5)$$

式中：n_{pj} 为 j 相上桥臂投入的子模块个数；n_{nj} 为 j 相下桥臂投入的子模块个数。

假设子模块电容电压维持均衡，其平均值为 U_c，则模块化多电平换流器的直流侧电压与每个子模块的电容电压之间的关系为

$$U_c = \frac{U_{dc}}{n_{pj} + n_{nj}} = \frac{U_{dc}}{N} \qquad (1-6)$$

而该模块化多电平换流器的 $N+1$ 个电平分别为 $\frac{N}{2}U_c$、$\left(\frac{N}{2}-1\right)U_c$、$\left(\frac{N}{2}-2\right)U_c$、$\cdots$、0、$\cdots$、$-\left(\frac{N}{2}-2\right)U_c$、$-\left(\frac{N}{2}-1\right)U_c$、$-\frac{N}{2}U_c$。随着子模块的数量增多，其电平数就越多，交流侧输出电压越接近于正弦波。

进一步分析图1－8可知，各子模块按正弦规律依次投入，构成的上下桥臂电压可以分别用一个受控电压源 U_{pj} 和 U_{nj}（j=a、b、c）来等效。为了满足式（1－4）的要求，在不考虑冗余的情况下，一般要求上下桥臂子模块对称互补投入。如果定义某一时刻 a 相上桥臂投入的子模块个数为 n_{pa}，下桥臂投入的子模块个数为 n_{na}，则任意时刻 n_{pa} 和 n_{na} 应满足

$$n_{pa} + n_{na} = N \qquad (1-7)$$

式（1－7）说明，任意时刻都应保证一个相单元中总有一半的子模块投入。直流侧电压在任何时刻都需要 N 个子模块的电容电压来平衡

$$U_{dc} = \sum_{i=1}^{n_{pa}} U_{C,i} + \sum_{l=1}^{n_{na}} U_{C,l} \qquad (1-8)$$

式中：$U_{C,i}$ 和 $U_{C,l}$ 分别表示上桥臂和下桥臂投入的子模块电容电压。

1.3　换流器数学模型

对于图 1-5 所示的 MMC 拓扑结构，电阻 R_0 用来等效整个桥臂的损耗，L_0 为桥臂电抗器，C_0 为子模块电容。假定同一桥臂所有子模块构成的桥臂电压为 u_{rj}（r=p、n，分别表示上下桥臂；j=a、b、c，分别表示 a、b、c 三相。下同），流过桥臂的电流为 i_{rj}。U_{dc} 为模块化多电平换流器直流电压，I_{dc} 为直流线路电流。U_{sj} 为交流系统 j 相等效电动势，L_{ac} 为换流器交流出口 U_a、U_b、U_c 到交流系统等效电动势之间的等效电感（包含系统等效电感和变压器漏电感），换流器交流出口处输出电压和输出电流分别为 U_{vj} 和 I_{vj}，如图 1-9 所示。

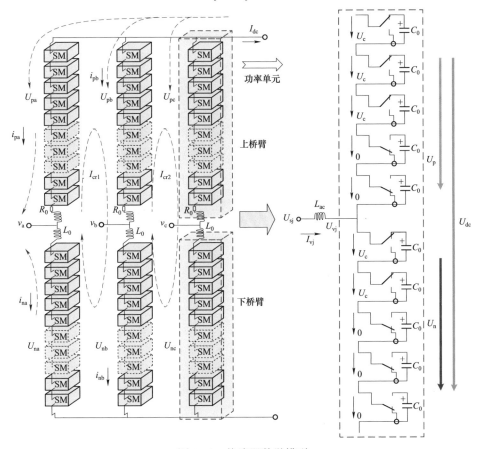

图 1-9　换流器数学模型

本节将基于如下假设，对换流器的稳态运行工况进行建模分析和必要的理论推导。

（1）所有电气量均以工频周期 T 为周期；

（2）a、b、c 三相的同一电气量在时域上依次滞后 $T/3$；

（3）同相上、下桥臂的同一电气量在时域上彼此相差 $T/2$；

（4）换流器实时触发。

假设（1）～（3）是换流器稳态运行最基本的条件，而假设（4）表示换流器的控制速度足够快，即将换流器看成是时域上的连续控制。

1.3.1 基于开关函数的平均值模型

下面利用开关函数建立子模块电容电流集合平均值与桥臂电流的关系，以及子模块电容电压集合平均值与桥臂电压之间的关系。

定义 S_{rj_i} 为 j 相 r 桥臂第 i 个子模块的开关函数，它的值取 0 表示将该子模块处于切除状态，取 1 表示该子模块处于投入状态。定义 j 相 r 桥臂平均开关函数为

$$S_{rj} = \frac{1}{N} \sum_{i=1}^{N} S_{rj\_i} \qquad (1-9)$$

平均开关函数表示桥臂中子模块的平均投入比。为了保持直流侧输出电压恒定，每个相单元上、下桥臂的平均开关函数之和应该等于 1。

（1）推导子模块电容电流集合平均值与桥臂电流之间的关系。当子模块处于投入状态时，桥臂电流通过子模块的开关器件作用于子模块的直流侧，这部分电流流过子模块电容，称为电容电流。对于 j 相 r 桥臂第 i 个子模块，流过其电容器的电流为

$$i_{c,rj\_i} = S_{rj\_i} i_{rj} \qquad (1-10)$$

对该桥臂所有子模块求和

$$\sum_{i=1}^{N} i_{c,rj\_i} = \sum_{i=1}^{N} S_{rj\_i} i_{rj} = i_{rj} \sum_{i=1}^{N} S_{rj\_i} \qquad (1-11)$$

式（1-11）左右两边同时除以子模块个数 N 得

$$\frac{1}{N} \sum_{i=1}^{N} i_{c,rj\_i} = i_{rj} \frac{1}{N} \sum_{i=1}^{N} S_{rj\_i} \qquad (1-12)$$

将式（1-9）代入式（1-12）得

$$\frac{1}{N}\sum_{i=1}^{N}i_{c,rj\_i}=S_{rj}i_{rj} \tag{1-13}$$

定义 j 相 r 桥臂子模块电容电流集合平均值为

$$i_{c,rj}=\frac{1}{N}\sum_{i=1}^{N}i_{c,rj\_i} \tag{1-14}$$

则有

$$i_{c,rj}=S_{rj}i_{rj} \tag{1-15}$$

（2）推导子模块电容电压集合平均值与桥臂电压之间的关系。电容电压通过子模块的开关耦合到桥臂中，当子模块处于投入状态时，子模块端口电压为子模块电容电压。j 相 r 桥臂第 i 个子模块耦合到桥臂中的电压 U_{sm,rj_i} 可以用开关函数表示为

$$U_{sm,rj\_i}=S_{rj\_i}u_{c,rj\_i} \tag{1-16}$$

式中：u_{c,rj_i} 为 j 相 r 桥臂第 i 个子模块的电容电压。对该桥臂所有子模块求和有

$$\sum_{i=1}^{N}U_{sm,rj\_i}=\sum_{i=1}^{N}S_{rj\_i}u_{c,rj\_i} \tag{1-17}$$

不妨假设所有子模块完全相同，单个子模块的电容电压 u_{c,rj_i} 等于所有子模块电容电压的集合平均值 $U_{c,rj}$，因此有

$$\sum_{i=1}^{N}U_{sm,rj\_i}=\sum_{i=1}^{N}S_{rj\_i}U_{c,rj\_i}=\sum_{i=1}^{N}S_{rj\_i}U_{c,rj}=U_{c,rj}\sum_{i=1}^{N}S_{rj\_i} \tag{1-18}$$

故

$$\sum_{i=1}^{N}U_{sm,rj\_i}=NU_{c,rj}\left(\frac{1}{N}\cdot\sum_{i=1}^{N}S_{rj\_i}\right) \tag{1-19}$$

将式（1-9）代入式（1-19）得

$$\sum_{i=1}^{N}U_{sm,rj\_i}=S_{rj}(NU_{c,rj}) \tag{1-20}$$

式（1-20）左边即为 j 相 r 桥臂的电压 U_{rj}，因此式（1-20）可以重新写为

$$U_{rj}=S_{rj}(NU_{c,rj}) \tag{1-21}$$

1.3.2　换流器的微分方程模型

假设换流器的直流电压为 U_{dc}，则交流系统的相电压可以表示为

$$U_{sj}=\frac{U_{dc}}{2}\sin(\omega t+\eta_{sj}) \tag{1-22}$$

式中：a、b、c 三相的参考相位为 $\eta_{sa}=0$ ，$\eta_{sb}=-\dfrac{2\pi}{3}$ ，$\eta_{sc}=\dfrac{2\pi}{3}$ 。

j 相交流出口处电流 i_{vj} 及 j 相上下桥臂电流 i_{pj}、i_{nj} 满足 KCL 方程

$$i_{vj}=i_{pj}-i_{nj} \tag{1-23}$$

对 j 相，分别列写上下桥臂的 KVL 方程

$$U_{sj}+L_{ac}\frac{di_{vj}}{dt}+U_{pj}+R_0 i_{pj}+L_0\frac{di_{pj}}{dt}=U_{oo'}+\frac{U_{dc}}{2} \tag{1-24}$$

$$U_{sj}+L_{ac}\frac{di_{vj}}{dt}-U_{nj}+R_0 i_{nj}-L_0\frac{di_{nj}}{dt}=U_{oo'}-\frac{U_{dc}}{2} \tag{1-25}$$

定义上下桥臂的差模电压为 U_{diffj}，上下桥臂的共模电压为 U_{comj}，它们的表达式为

$$U_{diffj}=-\frac{1}{2}(U_{pj}-U_{nj})=\frac{1}{2}(U_{nj}-U_{pj}) \tag{1-26}$$

$$U_{comj}=\frac{1}{2}(U_{pj}+U_{nj}) \tag{1-27}$$

将式（1-26）和式（1-27）分别作和、作差，化简后，可得表征换流器交直流侧动态特性的数学表达式

$$\left(L_{ac}+\frac{L_0}{2}\right)\frac{di_{vj}}{dt}+\frac{R_0}{2}i_{vj}=U_{oo'}-U_{sj}+U_{diffj} \tag{1-28}$$

$$L_0\frac{di_{cirj}}{dt}+R_0 i_{cirj}=\frac{U_{dc}}{2}-u_{comj} \tag{1-29}$$

其中

$$i_{cirj}=\frac{1}{2}(i_{pj}+i_{nj}) \tag{1-30}$$

表示 j 相的环流。

将 a、b、c 三相的式（1-28）相加，有

$$\left(L_{ac}+\frac{L_0}{2}\right)\frac{d(i_{va}+i_{vb}+i_{vc})}{dt}+\frac{R_0}{2}(i_{va}+i_{vb}+i_{vc})$$
$$=3U_{oo'}-(U_{sa}+U_{sb}+U_{sc})+(U_{diffa}+U_{diffb}+U_{diffc}) \tag{1-31}$$

根据前文所述的假设，在稳态运行时，交流出口处三相电流幅值相等，相位互差 120°，它们之和为零。同理，交流系统等效三相电动势之和也为零。这样，式（1-31）可以简化为

$$U_{oo'}=-\frac{1}{3}(U_{diffa}+U_{diffb}+U_{diffc}) \tag{1-32}$$

j 相输出电压可以表示为

$$U_{vj} = U_{sj} + L_{ac}\frac{\mathrm{d}i_{vj}}{\mathrm{d}t} \tag{1-33}$$

根据瞬时功率理论，瞬时有功功率和瞬时无功功率分别为

$$P_v = U_{va}i_{va} + U_{vb}i_{vb} + U_{vc}i_{vc} \tag{1-34}$$

$$Q_v = \frac{1}{\sqrt{3}}(U_{va} - U_{vb})i_{vc} + (U_{vb} - U_{vc})i_{va} + (U_{vc} - U_{va})i_{vb} \tag{1-35}$$

假设瞬时有功功率的直流分量，即基波有功功率为 P_v。当忽略换流器的损耗时，则有

$$P_v = P_{dc} = U_{dc}I_{dc} \tag{1-36}$$

根据式（1-36）可以求出直流电流为

$$I_{dc} = \frac{P_v}{U_{dc}} \tag{1-37}$$

j 相 r 桥臂的桥臂电抗电压为

$$U_{L,rj} = L_0\frac{\mathrm{d}i_{rj}}{\mathrm{d}t} \tag{1-38}$$

根据子模块电容电压与电容电流的关系，可得 j 相和 r 桥臂的子模块电容电压集合平均值为

$$U_{c,rj} = \frac{1}{C_0}\int i_{c,rj}\mathrm{d}t \tag{1-39}$$

2

换流器调制与控制保护技术

本章主要介绍换流器的调制控制和保护技术。换流器调制技术主要包括阶梯波调制和 PWM 调制技术；换流器控制技术介绍影响换流器运行性能的电压电流均衡控制技术；换流器的保护技术主要包括子模块直通短路保护、IGBT 关断过电压保护、直流母线短路过电流保护和子模块旁路保护等。

2.1 换流器调制技术

换流器调制方式是指通过特定的开关模式控制子模块的投入和切出，从而使得输出的交流电压逼近调制波。换流器调制方式的选择至关重要，直接影响输出电平数、输出等效开关频率、功率器件开关频率、输出谐波和系统损耗等相关性能。因此，选择合理的调制方式的基本要求如下。

（1）较好的调制波逼近能力：输出电压波形中的基波分量应尽可能地逼近调制波。

（2）较小的谐波含量：输出电压波形中的谐波含量应尽可能地少。

（3）较低的开关频率：降低开关频率以减少换流器损耗，提升系统整体效率，这一点对于高压大容量场合的应用至关重要。

（4）较快的响应能力：调制方式输出电压能够尽可能快速地跟踪调制波的变化，这对系统的反应速度以及暂态响应都有重要影响。

（5）较小的计算量：调制方式的计算量不能太大，实现起来要尽可能简单，以保证较高的可靠性。

模块化多电平换流器的调制策略是一种组合控制方式，利用一系列的组合调制脉冲来导通或关断开关元件，从而使总的模块的换流器输出波形更接近于目标波形。目前来说，模块化多电平换流器常用的调制技术主要有阶梯波调制技术、PWM 调制技术和空间矢量调制技术三种（见图 2-1）。目前应用最普遍的是前两种，下面将分别对这两种调制技术进行介绍。

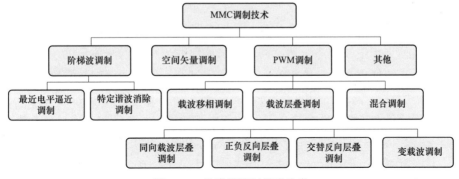

图 2-1 换流器调制策略分类

2.1.1 阶梯波调制技术

阶梯波调制方式（Staircase Modulation）是专门应用于高电平数换流器的调制策略。阶梯波调制策略的主要优势是电力电子器件 IGBT 的开关频率和开关损耗低，且实现相对简单、动态性能较好。阶梯波调制通过控制功率开关的不同开关状态组合，实现不同的阶梯形电压输出，并以此阶梯波逼近正弦调制波，如图 2-2 所示。

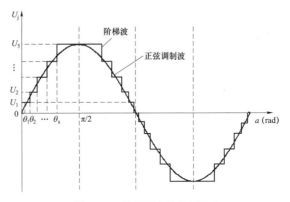

图 2-2 阶梯波调制示意图

采用此种调制方式时，上、下桥臂输出每种电平的持续时间固定，因此各 IGBT 功率开关在固定时间开通或关断，调制方法简单，开关频率较低，热损耗少。然而，其缺点也比较明显，主要是当输出电平数较低时，谐波含量高，电压波形质量较差。但是，对于高压直流输电中的换流器而言，其输出电平数一般可以达几十至上百个，所以谐波不是主要问题。

阶梯波调制的具体实现方法有特定谐波消除调制（selective harmonic elimination staircase modulation，SHESM）和最近电平逼近调制（nearest level modulation，NLM）。特定谐波消除调制法是利用基波和谐波解析表达式以离线方式计算一系列开关角，根据计算所得开关角确定输出电平每个台阶不同的持续时间。所计算的开关角能够使得基波跟随调制波，并且使特定低次谐波幅值为零，实际工作中根据系统运行需求查表确定输出哪组的开关角度。采用特定次谐波调制的优点在于能够很好的控制指定谐波，但由于调制波幅值在实时发生变化，所以该方法仅适用于稳态，动态条件下输出性能较差。此外，实现特定次消除的角度计算较为复杂，并且随着电平数的增加，计算工作量急剧增大。因此，SHESM 方法适用于电平数不多，对动态响应要求不高的场合。

最近电平逼近调制技术的基本原理如图 2-3（a）所示。在调制的起始时刻，上、下桥臂投入子模块数相同，相电压输出为零；当 $\omega t = \theta_1$ 时，下桥臂投入子模块数加 1，上桥臂投入子模块数减 1，则相电压输出增加 U_{sm}（U_{sm} 为子模块电容电压）；当 $\omega t = \theta_2$ 时，下桥臂投入子模块数依次增大，而上桥臂投入子模块数对应减少，即可实现输出电压紧随调制波增大而提高。NLM 方法与 SHESM 方法的不同之处在于：输出电压呈台阶状变化时刻的选择。理论上，NLM 可以将换流器输出电压与调制波电压差值控制在 $\pm U_{sm}/2$ 以内。

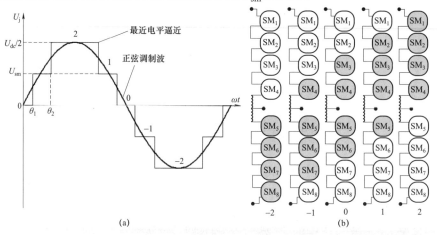

图 2-3 投入子模块数与阶梯波示意图

（a）NLM 调制基本原理；（b）投入子模块数

设桥臂模块数为 N，子模块电容电压为 U_{sm}，桥臂输出电压为 U_j。忽略子模块电容电压波动，则上、下桥臂需投入子模块数 n_{up}、n_{down} 为

$$\begin{cases} n_{up} = N - round\left(\dfrac{U_j}{U_{sm}}\right) \\ n_{down} = N + round\left(\dfrac{U_j}{U_{sm}}\right) \end{cases} \quad (2-1)$$

式中 round 为取整函数，图 2-3 给出了子模块投切变化和阶梯波对应关系。需要注意的是，图中仅显示上、下桥臂模块投切个数而非实际运行时的工况。

上、下桥臂投入子模块的数量满足 $0 \leqslant n_{up}$、$n_{down} \leqslant N/2$。根据式（2-1）计算得出的 n_{up}、n_{down} 在规定边界范围内，此时调制方式工作在额定区域。但当某个计算周期内得出的 n_{up}、n_{down} 超过边界值，意味着调制波升高到一定范围后，NLM 调制已经无法实现将换流器的输出电压和调制波电压控制在 $\pm U_{sm}/2$ 以内，此时称为过调制。

对 NLM 调制方法进行傅里叶分解，可以得到其傅里叶级数的数学表达式为

$$f(x) = \frac{a_0}{2} + \sum_{m=1}^{\infty}(a_m \cos mx + b_m \sin mx) \tag{2-2}$$

$$\begin{cases} a_m = \dfrac{1}{\pi}\displaystyle\int_{-\pi}^{\pi} f(x)\cos mx \mathrm{d}x (m=0,1,2,\cdots) \\[3mm] b_m = \dfrac{1}{\pi}\displaystyle\int_{-\pi}^{\pi} f(x)\sin mx \mathrm{d}x (m=1,2,\cdots) \end{cases} \tag{2-3}$$

将图 2-3（a）中阶梯波进行重组，如图 2-4 所示。

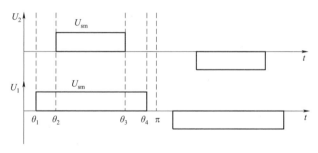

图 2-4 NLM 阶梯波重组示意图

U_1 和 U_2 为以 2π 为周期的奇函数，电平数发生变化的电角度为

$$\begin{cases} \theta_1 = \arcsin(0.5 U_{sm} / 2 U_{sm}) \\[2mm] \theta_2 = \arcsin(1.5 U_{sm} / 2 U_{sm}) \end{cases} \tag{2-4}$$

$$\begin{cases} \theta_3 = \pi - \theta_2 \\[2mm] \theta_4 = \pi - \theta_1 \end{cases} \tag{2-5}$$

对 U_1 进行傅里叶分解可得

$$\begin{cases} a_m = 0 \\[3mm] b_m = \dfrac{2}{\pi}\displaystyle\int_0^{\pi} U_{sm}\sin m\omega t \mathrm{d}t = \dfrac{2}{\pi}\dfrac{U_{sm}}{m}[\cos(m\theta_1) - \cos(m\theta_4)] \\[3mm] \quad = \dfrac{4}{\pi}\dfrac{U_{sm}}{m}\cos(m\theta_1)(m=1,3,5\cdots) \end{cases} \tag{2-6}$$

因此

$$U_1 = \frac{4}{\pi}\frac{U_{sm}}{m}\cos(m\theta_1)\sin(m\omega t) \quad (m=1,3,5\cdots) \qquad (2-7)$$

同理

$$U_2 = \frac{4}{\pi}\frac{U_{sm}}{m}\cos(m\theta_2)\sin(m\omega t) \quad (m=1,3,5\cdots) \qquad (2-8)$$

将式（2-7）和式（2-8）相加得到五电平阶梯波的傅里叶表达式为

$$U_5 = U_1 + U_2 = \frac{4}{\pi}\sum_{j=1}^{2}\frac{U_{sm}}{m}\cos(m\theta_j)\sin(m\omega t) \quad (m=1,3,5\cdots) \qquad (2-9)$$

推导得出 n+1 电平阶梯波的傅里叶表达式为

$$\begin{cases} U_n = \dfrac{4}{\pi}\sum_{j=1}^{N}\dfrac{U_{sm}}{m}\cos(m\theta_j)\sin(m\omega t) \quad (m=1,3,5\cdots) \\[2mm] \theta_j = \arcsin\dfrac{j-1}{N}(j=1\cdots N) \end{cases} \qquad (2-10)$$

由此可以得出如下结论：

（1）阶梯波调制中只含有奇数次谐波分量。

（2）其中基波分量为 $\dfrac{4}{\pi}\sum\limits_{j=1}^{\frac{N-2}{4}}U_{sm}\cos\left[\arcsin\dfrac{4(j-1)}{N-2}\right]\sin(\omega t)$ ，随着电平数 N 的增加，基波分量增大。

2.1.2 PWM调制技术

PWM 调制技术能够有效体现开关的高频特性，主要包括载波层叠 PWM 调制（carrier disposition PWM，CDPWM）和载波移相 PWM 调制（phase shift carrier PWM，PSCWM）两种调制方法。

（1）载波层叠调制方法。载波层叠调制的基本原理是使用一个正弦调制波与若干个周期和幅值相同而相位不同或叠加方式不同的三角载波进行比较，各个载波与调制波比较后的结果叠加即表示此时有多少个子模块需要工作于投入状态，当确定上、下桥臂投入的子模块数量之后就能实现特定电平的电压输出。根据载波空间层叠相位的不同，可分为三种方式，即同相层叠方式（phase disposition，PD）、交替反相层叠方式（alternative phase opposition disposition，APOD）、正负反相层叠方式（phase opposition disposition method，POD）。

PD-PWM 的基本原理是将同一个调制波与若干个幅值相同、相位一致，且在空间上垂直叠加分布的载波进行比较。对于换流器，PD-PWM 经调制波与载波比较后生成的 PWM 脉冲并不直接分配至各子模块的开关管 IGBT，只用来计算相应桥臂上此时需要投入的子模块数目，其最终的驱动脉冲主要依靠后续的均压控制环节实现，详见 2.2.2 相应内容。

以上、下桥臂分别为 4 个子模块为例，如图 2-5 所示（上、下桥臂分别为 4 个子模块），为了满足系统的等效交流输出，PD-PWM 调制中上、下桥臂参考调制波在相位上也需互差 180°，其幅值分别分布在 [0，1] 和 [-1，0] 不同的区间内，如图 2-5（a）所示。而载波的具体分布原则为：上桥臂的载波按照大小为 1/n 的幅值在 [0，1] 的区间内等比例分布，下桥臂的载波按照大小为 1/n 的幅值在 [-1，0] 的区间内等比例分布。经上、下桥臂调制波与相应载波比较得到的输出分别为该时刻上、下桥臂需要投入的子模块数目，此时整个相单元投入模块个数不为常数，输出相电压为 9 电平，如图 2-5（b）所示。

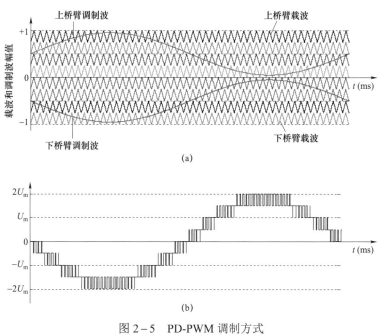

图 2-5　PD-PWM 调制方式
(a) PD-PWM 调制；(b) 输出相电压

POD-PWM 的调制过程中，上、下桥臂各模块载波频率相同、相位相反，此时整个桥臂相单元投入模块个数一直为定值 n，输出电压为 5 电平，如图 2-6 所示。

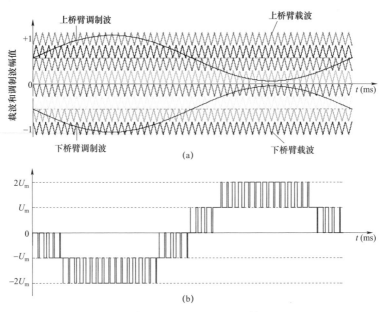

图 2-6　POD-PWM 调制

（a）POD-PWM 调制；（b）输出相电压

APOD-PWM 的调制过程中，相邻子模块间载波频率相同、相位相反，整个桥臂相单元投入模块个数一直为 n，输出电压为 5 电平，如图 2-7 所示。

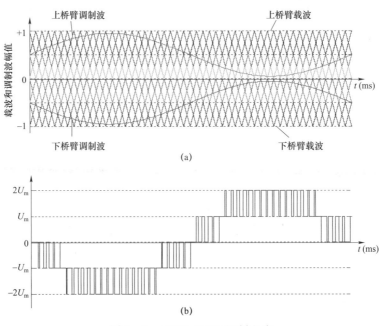

图 2-7　APOD-PWM 调制方式

（a）APOD-PWM 调制；（b）输出相电压

（2）载波移相调制策略。载波移相调制具体实现方法是将同一个调制波与多个三角载波作比较，三角载波根据一定规律移相一定的角度。调制波大于载波时输出高电平，调制波小于载波时输出低电平，以此规律生成一组 PWM 脉冲，驱动子模块开关管 IGBT 动作。将所有子模块的 PWM 脉冲进行叠加，即可得到多电平 PWM 脉冲。载波移相调制方法根据三角载波的不同可再细分为两种形式：等腰三角载波移相的 SPWM 技术（carrier phase-shifted SPWM，CPS-SPWM），分布规律如图 2–8（a）所示；基于锯齿波载波移相的 SPWM 技术（Saw-tooth Phase-Shifted SPWM，SPS-SPWM），分布规律如图 2–8（b）所示。其中，CPS-SPWM 调制方法应用更广。

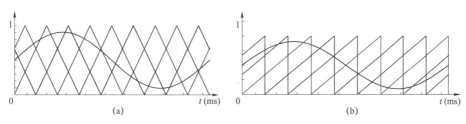

图 2–8　载波移相三角波形式
（a）CPS-SPWM；（b）SPS-SPWM

对于换流器而言，换流器等效的交流输出电压为下桥臂电压和上桥臂电压之差的一半，即下桥臂端口电压与交流输出电压参考方向相同，而上桥臂端口电压与交流输出电压参考方向相反。因此，要使换流器输出的电压为等效交流量，需要上、下桥臂的参考调制波在相位上互差 180°。载波的具体分配原则为（以每相桥臂 4 个子模块为例）：上桥臂子模块的三角载波彼此相位相差 $\pi/2$，下桥臂子模块三角载波相位也是彼此相差 $\pi/2$，且上、下桥臂对应子模块的三角载波相位上相差 $\pi/4$。经载波与调制波比较后生成的 PWM 脉冲分配至子模块的上管的脉冲，对其进行取反作为下开关管的脉冲，通过对桥臂各个子模块的单独控制，将桥臂各子模块输出电平叠加即可得到该桥臂期望的多电平输出波形，如图 2–9 所示。

需要说明的是，载波的分布原则有多种，而上述的 $n+1$ 电平调制模式下的载波分布规律有利于桥臂内各子模块电容有功功率的平均分配，方便实现子模块电容电压的自动均衡，是目前常用方法。

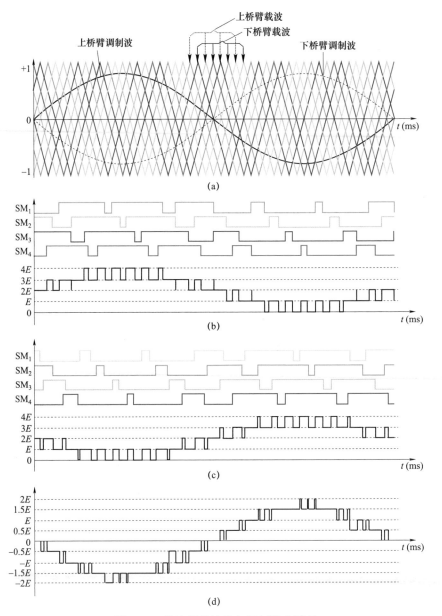

图 2－9　换流器载波移相调制技术原理

（a）载波和调制波；（b）上桥臂驱动信号与输出电压；（c）下桥臂驱动信号与输出电压；（d）交流输出电压

2.2　换流器电压电流均衡控制技术

换流器的电压电流均衡控制是保证换流器稳定运行的关键因素，主要包括电容电压均衡控制策略和桥臂电流均衡控制策略两类。

2.2.1 电容电压波动机理分析

假设换流器三相元件参数相同，忽略桥臂内损耗，直流母线电流在换流器三相间平均分布。交流侧电流在同一相单元的上、下桥臂中平均分布。

分析电容电压平衡工况下波动情况，以 a 相为例，设交流系统输出电压和电流为

$$\begin{cases} u_{\mathrm{j}} = U_{\mathrm{m}} \sin \omega t \\ i_{\mathrm{j}} = I_{\mathrm{m}} \sin(\omega t + \varphi) \end{cases} \tag{2-11}$$

U_{m}、I_{m} 为交流侧相电压、电流幅值。

根据换流器单相等效模型，由基尔霍夫定律可知 a 相上、下桥臂的电压和电流分别表示为

$$\begin{cases} u_{\mathrm{ju}} = 0.5U_{\mathrm{dc}} - u_{\mathrm{j}} \\ u_{\mathrm{jl}} = 0.5U_{\mathrm{dc}} + u_{\mathrm{j}} \end{cases} \tag{2-12}$$

$$\begin{cases} i_{\mathrm{ju}} = \dfrac{I_{\mathrm{dc}}}{3} + \dfrac{1}{2}I_{\mathrm{m}}\cos(\omega t + \varphi) \\ i_{\mathrm{jl}} = \dfrac{I_{\mathrm{dc}}}{3} - \dfrac{1}{2}I_{\mathrm{m}}\cos(\omega t + \varphi) \end{cases} \tag{2-13}$$

利用开关函数描述换流器特性，上、下桥臂开关函数分别表示为

$$\begin{cases} s_{\mathrm{ju}} = \dfrac{1}{2}(1 - m\cos \omega t) \\ s_{\mathrm{jl}} = \dfrac{1}{2}(1 + m\cos \omega t) \end{cases} \tag{2-14}$$

根据子模块电容电压及桥臂电流关系，由式（2-13）和式（2-14）可得

$$\begin{cases} C\dfrac{\mathrm{d}u_{\mathrm{cju}}}{\mathrm{d}t} = s_{\mathrm{ju}}i_{\mathrm{ju}} = \dfrac{1}{6}I_{\mathrm{dc}} - \dfrac{1}{8}mI_{\mathrm{m}}\cos \varphi - \dfrac{1}{6}mI_{\mathrm{dc}}\cos \omega t + \\ \qquad\qquad \dfrac{1}{4}I_{\mathrm{m}}\cos(\omega t + \varphi) - \dfrac{1}{8}mI_{\mathrm{m}}\cos(2\omega t + \varphi) \\ C\dfrac{\mathrm{d}u_{\mathrm{cjl}}}{\mathrm{d}t} = s_{\mathrm{jl}}i_{\mathrm{jl}} = \dfrac{1}{6}I_{\mathrm{dc}} - \dfrac{1}{8}mI_{\mathrm{m}}\cos \varphi + \dfrac{1}{6}mI_{\mathrm{dc}}\cos \omega t - \\ \qquad\qquad \dfrac{1}{4}I_{\mathrm{m}}\cos(\omega t + \varphi) - \dfrac{1}{8}mI_{\mathrm{m}}\cos(2\omega t + \varphi) \end{cases} \tag{2-15}$$

将式（2-15）积分得到子模块电压波动表达式

$$\begin{cases} u_{\mathrm{cju}} = u_{\mathrm{cju0}} + \dfrac{mI_{\mathrm{m}}}{16\omega C}\sin(2\omega t + \varphi) + \dfrac{I_{\mathrm{m}}}{4\omega C}\sin(\omega t + \varphi) - \dfrac{mI_{\mathrm{d}}}{6\omega C}\cos \omega t \\ u_{\mathrm{cjl}} = u_{\mathrm{cjl0}} + \dfrac{mI_{\mathrm{m}}}{16\omega C}\sin(2\omega t + \varphi) - \dfrac{I_{\mathrm{m}}}{4\omega C}\sin(\omega t + \varphi) + \dfrac{mI_{\mathrm{d}}}{6\omega C}\cos \omega t \end{cases}$$

$$\tag{2-16}$$

其中 u_{cju0} 和 u_{cjl0} 是子模块电容的初始电压。可以看出，换流器子模块电压大小和调制度、电容值等有直接关系。无论哪种调制方式都会导致桥臂中子模块投入数量实时变化、开关时刻和开关时间存在差异，各子模块电容参数也无法完全一致，势必造成单个子模块电压的波动和各个子模块电压之间的不平衡，因此必须采取合适的电压均衡策略保障系统的正常稳定运行。

2.2.2 电容电压均衡控制策略

（1）基于载波移相调制的电压均衡控制策略。虽然 CPS-PWM 调制有利于桥臂子模块的电容电压均衡，但在实际情况下，由于其他众多因素的影响，只依靠 CPS-PWM 调制并不能保证桥臂子模块的电容电压均衡。因此，需要设定相应的电容电压均衡策略。在 CPS-PWM 调制下，一般采用子模块的平均值控制和子模块的平衡控制来保证子模块电容电压的均衡。这种控制策略的本质是：在子模块主调制波中叠加电容电压平衡控制的微调量，调节子模块电容吸收和释放的功率，进而实现桥臂中子模块电容电压的均衡。

在子模块电容均压控制环节，常采用分级子模块电压均衡控制方法，包括桥臂电压平均控制与单子模块均压控制两个环节，分层均压控制框图如图 2-10 所示。其中，子模块平均值控制环节采用比例积分（PI）调节器，旨在实现桥臂所有子模块电压平均值跟踪子模块电压参考值，同时加入的内环环流控制抑制了因桥臂不均衡引起的环流导致的电容电压波动；子模块平衡控制环节采用 P 调节器，旨在实现各子模块电容电压值跟踪子模块电压参考值，继而通过在原有调制波上叠加两个均压控制环节获得的修正量实现均压效果。

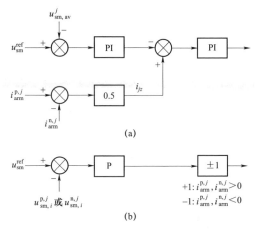

图 2-10 分层均压控制框图

（a）子模块平均值控制；（b）子模块电压平衡控制

在图 2-10 中，$i_{arm}^{p,j}$、$i_{arm}^{n,j}$ 分别为 j（$j=a$、b、c）相上、下桥臂电流；u_{sm}^{ref} 为子模块电容参考电压；$u_{sm,k}^{p,j}$ 为 j（$j=a$、b、c）相上桥臂第 k（$k=1$、2、3…）个子模块的电压；$u_{sm,k}^{n,j}$ 为 j 相下桥臂第 k 个子模块的电压；$u_{sm,av}^{j}$ 为 j 相子模块电容总电压的平均电压；i_{jz} 为 j 相环流量。

（2）基于阶梯波调制的电压均衡控制策略。阶梯波调制可以采用电压排序均压控制方法，具体流程如下：

1）根据调制算法得出上、下桥臂需要投入的子模块个数 n_{jp} 和 n_{jn}。

2）采样上、下桥臂子模块电压值，并分别对其进行升序或降序排列。

3）判断上、下桥臂电流方向，当 $i_{arm}>0$ 时，选择上、下桥臂子模块中电压最低的 n_{jp} 和 n_{jn} 个子模块投入充电；当 $i_{arm}<0$ 时，排序选择上、下桥臂子模块中电压最高的 n_{jp} 和 n_{jn} 个子模块进行切出放电。

分析发现，传统排序方式在正常工况下的一个控制周期内发生重新排序可以分为两种情况：上一次子模块电压排序结果改变时和调制方式导致投入子模块个数发生变化时。

仍然以上、下桥臂各有 4 个子模块为例，假设连续几个控制周期内桥臂电流 $i_{arm}>0$，上、下桥臂需要投入的子模块总数恒为 2，在第一个控制周期中，排序结果为 $u_{sm_1}<u_{sm_2}<u_{sm_3}<u_{sm_4}$，则投入 SM_1、SM_2 模块投入进行充电，SM_3、SM_4 模块切出；在第二个控制周期中排序结果为 $u_{sm_3}<u_{sm_1}<u_{sm_4}<u_{sm_2}$，则 SM_3、SM_1 模块投入进行充电，SM_2、SM_4 模块切出；在第三个控制周期中排序结果为 $u_{sm_4}<u_{sm_2}<u_{sm_3}<u_{sm_1}$，则 SM_4、SM_2 模块投入进行充电，SM_3、SM_1 模块切除。

可以看出，只要每个控制周期内子模块电压由于微小的变化重新排序，各个子模块的开关状态将会发生改变，这就增大了 IGBT 器件的开关频率，从而导致不必要的开关损耗。另外在控制周期内，如果投入子模块数发生变化，则需重新进行均压排序，为此须对传统排序方式进行优化。基本思路为在投入子模块数目不发生改变时，使上一个控制周期内投入的子模块在下一个控制周期内尽可能投入，通过降低子模块电压敏感度来降低不必要的开关投切，减少换流器损耗。这里引入电压反馈系数 $S_{jk}k$，其中 S_{jk} 为上一控制周期内电容电压的投切状态，k 为小于 0 的比例系数。具体实现方法如下：当桥臂电流给子模块电容电压 u_{sm} 充电或放电时，$u_{sm_1}=sign（I_{arm}）u_{sm}$。引入电压反馈系数 $S_{jk}k$，修正后的电容电压 $u_{sm_2}=u_{sm_1}+S_{jk}k$。对 u_{sm_2} 进行升序排列，然后再根据桥臂需要投入的子模块数量进行投切。引入 S_{jk} 后保证了投入或切除的模块尽可能地保持原有的开关状态。而比例系数 k 则控制了子模块投切时的差值，可以通过调节 k 值的

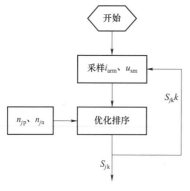

图 2-11 优化排序均压控制流程

不同控制开关次数的多少，具体需要根据实际应用进行设定，控制流程如图 2-11 所示。

（3）基于载波层叠调制的电压均衡控制。载波层叠调制电压均衡控制与阶梯波调制均压方法相同，都是对子模块电容电压进行采样，通过不断地检测桥臂电流和相应桥臂各子模块的电容电压，对电容电压进行排序，并根据桥臂电流的方向投入与切除相应的子模块，进而保证整个动态运行过程中各个子模块电压的均衡。以 PD-PWM 调制为例，控制框图如图 2-12 所示。

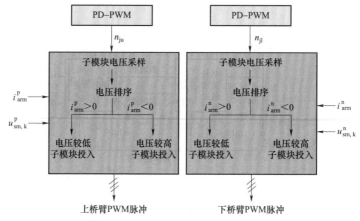

图 2-12 PD-PWM 排序均压控制框图

2.2.3 桥臂电流波动机理分析

以 j 相上桥臂内第 i 个子模块为例，对换流器内部的电压电流量进行分析。如果假设该子模块的调制函数为 s_{ju_i}，则流经该子模块电容的电流表达式 i_{cju_i} 可以表示为

$$i_{cju\_i} = s_{ju\_i} i_{ju} \tag{2-17}$$

式（2-17）中，上桥臂电流 i_{ju} 主要含有直流成分、基频成分以及可能的谐波成分。直流和基频成分分别由直流侧、交流侧电流决定。开关函数 s_{ju_i} 受死区时间等影响，傅里叶分解后含有一定的谐波成分。因此，桥臂电流通过开关函数的作用，会导致流经电容的电流包含不同次的谐波成分，这些谐波电流在电容上产生对应次的谐波电压。

第 n 次谐波电流 $i^n_{\text{juc\_}i}$ 在电容上产生的第 n 次谐波电压 $u^n_{\text{juc\_}i}$ 可以表示为

$$u^n_{\text{juc\_}i} = \frac{i^n_{\text{juc\_}i}}{n\omega C} \qquad (2-18)$$

式中：ω 为基波角频率。

j 相上桥臂内第 i 个子模块电容电压 $u_{\text{juc\_}i}$ 可以表示为额定值 U_c 与各次谐波成分 $u^n_{\text{juc\_}i}$ 的叠加

$$u_{\text{juc\_}i} = U_c + \sum_{n=1}^{\infty} u^n_{\text{juc\_}i} \qquad (2-19)$$

根据式（2-19）及模块电压调制函数 $s_{\text{ju\_}i}$，该子模块输出端口电压 $u_{\text{smju\_}i}$ 可以表示为

$$u_{\text{smju\_}i} = s_{\text{ju\_}i} U_c + s_{\text{ju\_}i} \sum_{n=1}^{\infty} u^n_{\text{juc\_}i} \qquad (2-20)$$

因此，N 个相同模块串联的上桥臂电压可以表示为

$$u_{\text{ju}} = \sum_{i=1}^{N} s_{\text{ju\_}i} U_c + \sum_{i=1}^{N} \left(s_{\text{ju\_}i} \sum_{n=1}^{\infty} u^n_{\text{juc\_}i} \right) \qquad (2-21)$$

同理，下桥臂电压可以表示为

$$u_{\text{jl}} = \sum_{i=1}^{N} s_{\text{jl\_}i} U_c + \sum_{i=1}^{N} \left(s_{\text{jl\_}i} \sum_{n=1}^{\infty} u^n_{\text{jlc\_}i} \right) \qquad (2-22)$$

通过控制每个时刻相单元投入恒定的子模块数可以保证直流电压的稳定，因此上、下桥臂调制函数的关系如下

$$\sum_{i=1}^{N} s_{\text{ju\_}i} + \sum_{i=1}^{N} s_{\text{jl\_}i} = N \qquad (2-23)$$

根据式（2-21）～式（2-23），可以得出该相上、下桥臂子模块输出电压之和为

$$u_{\text{ju}} + u_{\text{jl}} = NU_c + u_{\text{j\_har}} \qquad (2-24)$$

式（2-24）中，$u_{\text{j\_har}}$ 为贯穿上、下桥臂的谐波电压。谐波电压 $u_{\text{j\_har}}$ 中的 n 次分量 $u^n_{\text{j\_har}}$ 会在上、下桥臂电抗上产生流经整个相的 n 次谐波电流 i^n_{jdiff}，具体表示为

$$i^n_{\text{jdiff}} = \frac{u^n_{\text{j\_har}}}{n\omega 2L} \qquad (2-25)$$

这个 n 次谐波电流就是定义的谐波环流。

上述推导过程说明：由于桥臂电流和调制函数含有谐波分量，因此导致流

经电容的电流含有谐波分量，含有谐波的电容电流会在子模块电容上耦合出谐波电压。受开关动作及电容电压上的谐波成分的影响，子模块端口的输出电压将产生各次谐波电压，因此上、下桥臂所有子模块端口输出电压之和包含一定的谐波分量，该分量贯穿整个相桥臂，在电抗上产生对应的谐波电流，该电流即为环流中的谐波电流。含有谐波的环流再次导致流经电容的电流含有谐波成分，依此类推不断循环，因此子模块电压波动和桥臂环流是相互耦合的。下面在此基础上分析环流的谐波含量。

假设理想状态下，换流器交流端口 j 相输出电压 u_j、输出电流 i_j 可以表示为

$$\begin{cases} u_j = U_j \cos \omega t \\ i_j = I_j \cos(\omega t + \varphi) \end{cases} \qquad (2-26)$$

式中：U_j、I_j 为电压、电流幅值；φ 为输出电流相位；ω 为基波角频率。

流经桥臂的环流 $i_{j\text{diff}}$ 主要由直流成分 $i_{j\text{diff\_dc}}$ 及交流成分 $i_{j\text{diff\_ac}}$ 组成。环流表达式可以改写为

$$i_{j\text{diff}} = i_{j\text{diff\_dc}} + i_{j\text{diff\_ac}} = i_{j\text{diff\_dc}} + \sum_{h=1}^{\infty} i_h \qquad (2-27)$$

式中：$i_h = I_h \cos(h\omega t + \varphi_h)$ 为环流中的 h（$h=1$，2，$3 \cdots$）次谐波分量；φ_h 为 h 次谐波环流相位。

对称运行状态下，每相环流中的直流分量相同，即 $i_{a\text{diff\_dc}} = i_{b\text{diff\_dc}} = i_{c\text{diff\_dc}}$。在忽略变流器损耗的基础上，根据交、直流侧功率平衡可以得到环流中直流分量表达式如式（2-28）所示

$$i_{j\text{diff\_dc}} = \frac{1}{3} i_{\text{dc}} = \frac{1}{4} m I_j \cos \varphi \qquad (2-28)$$

利用相输出电压 u_j 的表达式（2-26），某一时刻 j 相上、下桥臂调制函数 s_{jp} 和 s_{jn} 可以表示为

$$\begin{cases} s_{jp} = \frac{1}{2}(1 - m\cos \omega t) \\ s_{jn} = \frac{1}{2}(1 + m\cos \omega t) \end{cases} \qquad (2-29)$$

式中：$m = 2U_j/u_{\text{dc}}$ 为 j 相电压调制比。

上桥臂子模块电压之和可以利用式（2-27）和式（2-29）得到

$$u_{jp\Sigma} = \frac{1}{C_\Sigma} \int s_{jp} i_{jp} \mathrm{d}t$$

$$= \frac{1}{C_\Sigma} \int \left[\frac{1}{2}(1 - m\cos\omega t) \right] \times \left[i_{j\mathrm{diff\_dc}} + \sum_{h=1}^{\infty} i_h + \frac{1}{2}i_j \right] \mathrm{d}t$$

$$= \frac{1}{2C_\Sigma} \left\{ \underbrace{\frac{I_j}{2}\sin(\omega t + \varphi) - mi_{j\mathrm{diff\_dc}}\sin\omega t - \frac{mI_j}{8}\sin(2\omega t + \varphi) +}_{\text{与环流无关项}} \right.$$

$$\left. \underbrace{\frac{I_h}{\omega h}\sin(h\omega t + \varphi_h) - \frac{mI_h}{2\omega(h+1)}\sin[(h+1)\omega t + \varphi_h] - \frac{mI_h}{2\omega(h-1)}\sin[(h-1)\omega t + \varphi_h]}_{\text{与环流有关项}} \right\}$$

$$(2-30)$$

式中：C_Σ 为上、下桥臂电容和 C/N。

同理，下桥臂子模块电压之和为

$$u_{nl\Sigma} = \frac{1}{C_\Sigma} \int \left[\frac{1}{2}(1 + m\cos\omega t) \right] \times \left[i_{j\mathrm{diff\_dc}} + \sum_{h=1}^{\infty} i_h - \frac{1}{2}i_j \right] \mathrm{d}t$$

$$= \frac{1}{2C_\Sigma} \left\{ \underbrace{-\frac{I_j}{2}\sin(\omega t + \varphi) + mi_{j\mathrm{diff\_dc}}\sin\omega t - \frac{mI_j}{8}\sin(2\omega t + \varphi) +}_{\text{与环流无关项}} \right.$$

$$\left. \underbrace{\frac{I_h}{\omega h}\sin(h\omega t + \varphi_h) + \frac{mI_h}{2\omega(h+1)}\sin[(h+1)\omega t + \varphi_h] + \frac{mI_h}{2\omega(h-1)}\sin[(h-1)\omega t + \varphi_h]}_{\text{与环流有关项}} \right\}$$

$$(2-31)$$

通过桥臂子模块电压波动的表达式可知：当环流 i_h 被有效抑制时，桥臂子模块电容电压表达式中的环流无关项由基频和 2 倍频成分组成，由每项系数可知，基频项是电容电压波动的主导成分，2 倍频的叠加量会改变电容电压。当任意频率的环流成分出现时，电容电压波动中会出现 h、$h+1$ 和 $h-1$ 次的谐波分量，直接影响电容电压的波动。桥臂输出电压表达式表明，初始状态的 2 倍频谐波环流被有效抑制的情况下，上、下桥臂的输出电压中仍含有基频、2 倍频和 3 倍频分量。在不考虑桥臂电抗上压降的基础上，利用式（2-24）计算出每个时刻导通的上、下桥臂子模块电压之和 $u_\Sigma = u_{jp} + u_{jn}$ 为

$$u_\Sigma = \frac{1}{4C_\Sigma}\left\{-\frac{mI_j}{4\omega}\times\sin\varphi + \frac{1}{2}m^2 i_{\text{jdiff\_dc}}\sin 2\omega t - \frac{3mI_j}{8\omega}\times\sin(2\omega t+\varphi)+\right.$$

$$\frac{I_h}{h\omega}\sin(h\omega t+\varphi_h) + \frac{m^2 I_h}{4(h-1)\omega}[\sin((h-2)\omega t+\varphi_h)+\sin(h\omega t+\varphi_h)]$$

$$\left.+\frac{m^2 I_h}{4(h+1)\omega}[\sin((h+2)\omega t+\varphi_h)+\sin(h\omega t+\varphi_h)]\right\}$$

$$(2-32)$$

综上所述，由于某次谐波电压的存在，将产生该次分量的环流，而一种谐波分量电压的产生将继续耦合出其他分量。相单元总电压中仅包含偶次谐波分量。通过 u_2 的表达式可知，2 次谐波分量与调制比 m、电流相位 φ、直流环流 $i_{\text{jdiff\_dc}}$ 以及 2 次谐波环流幅值 I_2 有关；经耦合产生 4 次分量，4 次分量又耦合出 2 次与 6 次分量。通过上一节的分析可知，谐波电压作用在桥臂电抗器上的压降产生对应次的谐波电流。由此可以得出，在对称运行情况下，换流器环流中只包含偶次谐波分量，三相间 2 次电流谐波分量呈现负序性质，4 次谐波分量呈现正序性质，6 次谐波分量呈现零序性质，依此类推。由于 2 次谐波含量较大，内阻较低，高次谐波幅值逐步递减，所以交流环流抑制需要具备 2 次谐波抑制和其他低次谐波的抑制能力。

2.2.4 桥臂电流均衡控制策略

为实现换流器内部环流抑制，采用一种基于准比例谐振（PR）控制的环流抑制器（circulating current suppressor，CCS），其主要目标是能够同时实现对称二倍频、不对称二倍频、基频各种谐波成分的抑制。

在具体实现上，采用传统二倍频比例谐振控制器作为基本控制环节，由于其避免了解耦环节，故对于不对称二倍频环流同样可以达到抑制效果。为解决基频波动问题，通过引入附加基频谐振控制器实现对基频环流的抑制。同时为实现对多谐波环流成分的快速、准确提取，利用直流积分器与二阶广义积分器来构建谐波环流快速提取器（fast harmonic circulation extractor，FHCE），如图 2-13（b）所示，可以计算得到其传递函数如式（2-33）所示

$$G(s) = \frac{1+G_2}{1+G_1+G_2} = \frac{s^3 + \omega_0 k_1 s^2 + \omega_0^2 s}{s^3 + (k_2+\omega_0 k_1)s^2 + \omega_0^2 s + \omega_0 k_2} \qquad (2-33)$$

式中：k_1、k_2 分别为二阶积分器的阻尼系数与直流积分器的增益系数；ω_0 为分离频率，应设为 100π。

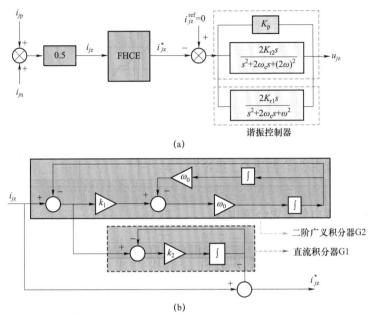

图 2-13 CCS 控制框图及 FHCE 谐波提取环节

（a）CCS 控制框图；（b）FHCE 谐波提取环节

在运行过程中，环流首先经过二阶积分器将二倍频脉动环流提取出来，再通过直流积分器得到直流分量，最后与输入信号相减，得到环流中的各交流谐波分量。与采用低通滤波的方式相比，其不存在相移滞后问题，并能够保证故障前后多谐波环流的快速、准确分离。

理想 PR 控制环节仅在谐振点处的增益趋向于无穷大，对该频率点以外的几乎无衰减，当电网频率发生波动时，控制器的性能会大幅下降。因此，多数 PR 控制器均考虑采取准 PR 控制器，其传递函数为

$$G(s) = k_\text{p} + k_\text{i} \frac{s}{s^2 + 2\omega_\text{c}s + \omega^2} \qquad (2-34)$$

式中：k_p 为比例增益；k_i 为谐振增益；ω_c 为截止频率；ω 为谐振频率。

采用 PI 控制方式的环流抑制策略，需要对各相环流进行解耦控制，但当二倍频环流出现不对称时，解耦效果会明显受到影响，需考虑增加负序与零序的控制。而采用 PR 控制方式的环流控制策略由于可以避免相间解耦过程，因此对于对称或不对称二倍频分量均能实现很好的抑制效果；为了实现对于基频环流的抑制，也只需通过在传统二倍频 PR 控制器中额外引入基频谐振环节，减小了整个控制系统的设计负担。因此，基于准 PR 控制方式的环流抑制策略具备明显的优势，既能应对多种频次的环流抑制，又比较容易实现，不会增加控制器的

设计负担。

为实现子模块故障下对各种频次环流量的抑制效果，控制环中的准 PR 传递函数应设为

$$G_{PR}(s) = k_p + \frac{k_{r1}s}{s^2 + 2\omega_c s + \omega^2} + \frac{k_{r2}s}{s^2 + 2\omega_c s + (2\omega)^2} \quad (2-35)$$

通过准 PR 传递函数可求得系统控制环的闭环传递函数为

$$G_B(s) = \frac{b_1 s^4 + b_2 s^3 + b_3 s^2 + b_4 s + b_5}{a_1 s^5 + a_2 s^4 + a_3 s^3 + a_4 s^2 + a_5 s + a_6} \quad (2-36)$$

其中

$$\begin{cases} b_1 = k_p \\ b_2 = 4\omega_c k_p \\ b_3 = k_{r1} + k_{r2} + (4\omega_c^2 + 5\omega^2)k_p \\ b_4 = 2\omega_c(k_{r1} + k_{r2}) + 10\omega_c\omega^2 k_p \\ b_5 = 4\omega^2 k_{r1} + \omega^2 k_{r2} + 4\omega^4 k_p \end{cases} \quad (2-37)$$

$$\begin{cases} a_1 = L \\ a_2 = k_p + R + 4\omega_c L \\ a_3 = 4\omega_c(k_p + R) + (4\omega_c^2 + 5\omega^2)L \\ a_4 = k_{r1} + k_{r2} + (4\omega_c^2 + 5\omega^2)(k_p + R) + 10\omega_c\omega^2 L \\ a_5 = 2\omega_c(k_{r1} + k_{r2}) + 10\omega_c\omega^2(k_p + R) + 4\omega^4 L \\ a_6 = 4\omega^2 k_{r1} + \omega^2 k_{r2} + 4\omega^4(k_p + R) \end{cases} \quad (2-38)$$

为了实现 PR 控制器性能的改善，在原准 PR 环流控制器中附加"虚拟电阻"前馈补偿环节，在保证整个控制系统稳定的前提下，通过调节"虚拟电阻" R_0（$R_0 > 0$）的大小改变整个桥臂等效电阻的大小，进而改善环流控制器暂态响应速度。

在具体的设计过程中，首先通过多谐波环流提取器获得环流中的交流分量 $\Sigma i_{jz}^{(k)}$，然后分别通过 PR 与比例环节跟踪相应参考值获得修正量 u_{PR}^* 与 u_K^*，最后将其分别叠加到上、下桥臂的调制波上实现控制目标。改进之后得到的基于"虚拟电阻"的环流控制框图如图 2-14 所示，含有"虚拟电阻"环节的换流器整体控制框图如图 2-15 所示。

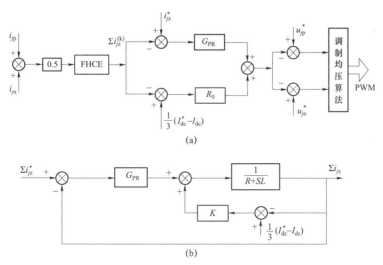

图 2－14　基于"虚拟电阻"的环流控制框图

（a）基于虚拟电阻的环流控制框图；（b）虚拟电阻控制环节

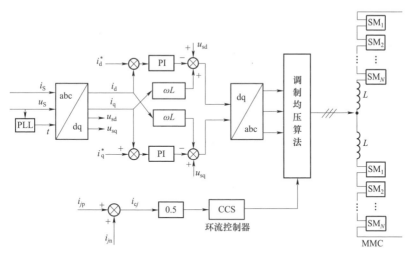

图 2－15　含有"虚拟电阻"环节的换流器整体控制框图

通过适当的推导，可以得到引入"虚拟电阻"后的闭环控制系统的传递函数如下

$$G_{BF}(s) = \frac{\gamma_1 s^4 + \gamma_2 s^3 + \gamma_3 s^2 + \gamma_4 s + \gamma_5}{\beta_1 s^5 + \beta_2 s^4 + \beta_3 s^3 + \beta_4 s^2 + \beta_5 s + \beta_6} \qquad (2-39)$$

其中

$$\begin{cases} \gamma_1 = k_p \\ \gamma_2 = 4\omega_c k_p \\ \gamma_3 = k_{r1} + k_{r2} + (4\omega_c^2 + 5\omega^2)k_p \\ \gamma_4 = 2\omega_c(k_{r1} + k_{r2}) + 10\omega_c\omega^2 k_p \\ \gamma_5 = 4\omega^2 k_{r1} + \omega^2 k_{r2} + 4\omega^4 k_p \end{cases} \qquad (2-40)$$

$$\begin{cases} a_1 = L \\ a_2 = k_p + R + 4\omega_c L \\ a_3 = 4\omega_c(k_p + R) + (4\omega_c^2 + 5\omega^2)L \\ a_4 = k_{r1} + k_{r2} + (4\omega_c^2 + 5\omega^2)(k_p + R) + 10\omega_c\omega^2 L \\ a_5 = 2\omega_c(k_{r1} + k_{r2}) + 10\omega_c\omega^2(k_p + R) + 4\omega^4 L \\ a_6 = 4\omega^2 k_{r1} + \omega^2 k_{r2} + 4\omega^4(k_p + R) \end{cases} \qquad (2-41)$$

通过对比式（2-36）～式（2-41）可以发现，引入比例负反馈后，γ_i 与 b_i 相等；β_i 与 a_i 相比，R 等效变为了（$R+R_0$），实现了"虚拟电阻" R_0 引入，随着 R_0 取值的增大，系统的响应速度加快。

2.3 换流器保护技术

2.3.1 子模块直通短路保护

对于子模块中 IGBT 直通短路故障，根据短路发生的时刻，可以将短路分为 SC1 和 SC2 两类。SC1 类是指 IGBT 开通前电路中已存在短路，而 SC2 是指 IGBT 导通后短路才发生。在 IGBT 发生直通短路时，电容器通过 IGBT 直接短路放电，几十微秒内产生十几千安过电流，若不及时进行保护，会导致 IGBT 器件过电流损坏。

通常采用检测 IGBT 集射极压降 V_{ce}（即图 2-16 中的"过电流检测"单元）的方式来判断 IGBT 是否过电流。因为在子模块直通短路情况下，集电极电流将迅速上升，IGBT 进入饱和区。在这个区域里，集电极—发射极电压对于集电极电流的反应很敏感，通常就

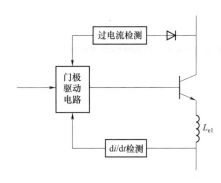

图 2-16 使用 V_{ce} 监测和发射极杂散电感进行过电流保护

根据这个效应来进行过流识别。具体的方法就是比较集电极—发射极电压和参考电压，如果集电极—发射极电压超过了指定的通态电压，则认为有故障发生。在这种保护方法中，通常采用反时限的保护时间设置，以尽量降低 IGBT 保护关断时的应力。

要注意的是，该保护方法在开通时都必须被暂时置于失效状态，直到 IGBT 完全进入稳态后才能启动。

这个功能一般设计在驱动器中，其过电流判据的参考电压、过电流检测响应时间及过电流故障的闭锁时间都可以设定。图 2－17 中，电阻 R_{me} 用于控制流过 VD_{me} 的正向电流和反向恢复电流，C_{me} 用于控制过流检测的响应时间。

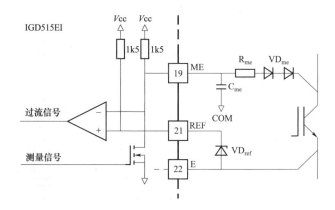

图 2－17　IGBT 驱动中的过流检测电路

根据经验，响应时间控制在 10μs 以内，因此先根据过电流保护确定 V_{ref} 及设定 t_a，再计算 C_{me}，计算公式为

$$C_{me} = \frac{t_a}{1.5 \ln \left(\dfrac{V_{CC}}{V_{CC} - V_{ref}} \right)} \qquad (2-42)$$

VD_{ref} 用于控制过流判断阈值 V_{ref} 的设定，根据 IGBT 的电压电流曲线关系，选择过流点。

根据图 2－18 所示的电流电压波形，上方直线代表 25℃ 时的电流电压关系，下方直线代表 125℃ 时的电流电压关系。当 V_{ref} 小于 5V，则过电流状态极容易出现误判断，引起误判断的原因有稳压管的温漂、V_{ce} 串入的干扰等。

驱动器的反馈信号如图 2－19 所示。

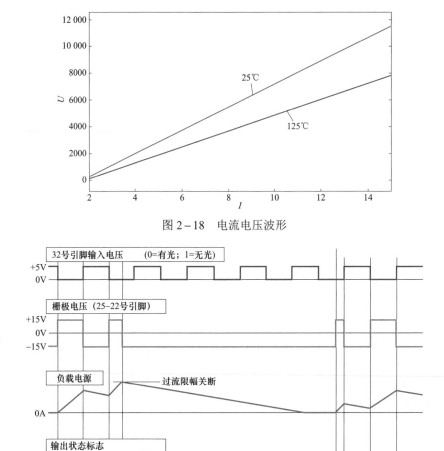

图 2-18　电流电压波形

图例: t_0时刻功率开关过流关断;
　　　 t_0-t_1=闭锁时长。

图 2-19　驱动器的反馈信号

从图 2-19 可见，有两个参数可以设置，即每次 IGBT 开关信号上下沿的回报脉冲宽度和过电流故障的自锁时间。

回报脉冲宽度由反馈时间电容 C_q 确定。当 C_q 为 470nF 时，回报脉冲的宽度为 1μs，满足 VBC（阀基控制设备）的检测要求。

当过电流检测电路判断出 IGBT 过电流故障时，驱动器立刻实现过电流故障的自闭锁。该闭锁时间目前是按照子模块闭锁后电容器充电过电压的时间设定的。假设在最严重的情况，子模块闭锁时，系统电流处于最大值，且电流方向为电容充电方向，闭锁时间要按照最大可能出现的电容器充电过电压来整定。

2.3.2 IGBT关断过电压保护

IGBT 在关断过程中会产生过电压，尤其是线路中的杂散电感或关断电流过大时，产生的关断过电压更加明显，可能造成器件的过电压击穿，所以关断过电压保护是十分必要的。

过电压保护的方法一般有两种：① 通过 IGBT 门极控制产生电压尖峰的 $\mathrm{d}i/\mathrm{d}t$（限制关断尖峰），因为具有主动的控制作用，因此也被称为有源钳位方法；② 通过改造主回路结构，增加缓冲电路来转移消耗关断时产生的瞬间尖峰能量，这种被动吸收能量的电路也称为吸收回路。

（1）有源钳位方法。有源钳位法通过检测 IGBT 的集电极电压，当集电极电压到达保护阈值时，调节驱动器输出的门极电流，使 IGBT 进入线性区，从而抑制集电极电压的上升。

在高压 IGBT 的驱动中，一般成熟的 IGBT 驱动器均可实现有源钳位的功能。以图 2-20 所示的驱动器为例，其包含一个带有放大环节的有源钳位电路。其中第一级钳位电路直接把 V_{ce} 变化产生的能量输入门极，调节门极电流。第二级放大环节将 V_{ce} 变化情况反馈至驱动器的控制回路，由控制侧调节输出电流。有源钳位的电压阈值一般要根据 IGBT 器件的额定电压和使用场合进行设定，以保证 IGBT 的关断过电压不会超过范围。

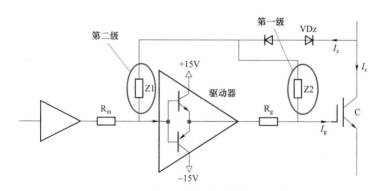

图 2-20　IGBT 驱动的有源钳位电路

（2）缓冲电路吸收方法。缓冲电路是将子模块内线路分布电感的能量转移到吸收电容中，利用电容电压不能突变这一特点，抑制 IGBT 关断造成的过电压。吸收电容的计算公式为

$$\frac{1}{2}LI^2 = \frac{1}{2}CU^2 \qquad (2-43)$$

即电容上吸收的能量等于电感上存储的能量。

根据式（2-43），可以计算出在一定条件下的缓冲电容参数。例如在 $L=700\text{nH}$、$U=1250\text{V}$、$I=400\text{A}$ 的情况下，可以计算得出 $C \approx 72\text{nF}$。

由于回路中的杂散电感一般是估计值，所以具体参数还要根据实际电路进行调整。

2.3.3　直流母线短路过电流保护

当换流器直流侧发生短路故障或输电线路中发生短路故障时，换流器中的 IGBT 关断后，短路电流会流经续流二极管。由于续流二极管长时间通过较大电流可能造成损坏，所以在这种情况下要对其进行分流，以保证续流二极管不会发生过热损坏。

一般使用具有较大通流能力的晶闸管承担分流作用，其额定电压一般选择不低于需要保护的二极管额定电压即可。对于额定电流的选取，因为主要取决于在换流器直流侧短路时晶闸管分担二极管的通态故障电流大小，因此主要考虑其承担通态电流的能力和通态特性。同时，在设计中一般要求晶闸管的通态压降小于二极管，并且通流能力较强。

2.3.4　子模块旁路保护

为了将永久故障后的子模块进行旁路，一般使用高速机械开关来完成这一功能。根据绝缘介质类型，开关设备可分为多油、少油、SF_6、真空、GIS 等类型；根据操动机构类型，可分为电磁操动机构、弹簧操动机构、永磁操动机构等。

根据目前国内外柔性直流输电工程中普遍采用的柔性直流换流器子模块的电压等级和容量要求，使用真空开关比较合适。而开关操动机构主要包括弹簧操动机构、电磁操动机构、永磁操动机构。其中永磁操动机构的显著优点是结构简单、零部件少、可靠性高、操作能耗小，而且这种操动机构具有合闸速度比较快、分闸速度相对较慢的特点。

3

换流器电气与结构设计

换流器电气设计是设备研制的前提，而结构设计以电气设计为基础，将换流器中的各个组件有机地整合在一起。本章主要介绍换流器电气设计（包括 IGBT 器件、电容器、保护晶闸管、旁路开关、直流电阻、散热片、取能电源等参数设计）、换流器暂态应力分析（包括交流侧、直流侧等故障特性与应力分析）、换流器损耗分析与优化（包括损耗的影响因素、计算和优化）、换流器结构设计和换流器水冷系统设计等。

3.1 换流器电气设计

3.1.1 换流器主参数选择

换流器主参数选择是换流站设计的重要组成部分，合理的主参数可以有效改善系统的动态和稳态性能，降低系统的初期投资及运行成本，提高系统的经济性能指标。

换流器的主参数包含电压等级、容量、子模块数量、输出电平数、桥臂电抗器值等。其中电压等级和容量一般是根据工程和系统的要求进行确定，在此基础上计算子模块的数量、输出电平数和桥臂电抗器值等参数。桥臂电抗器是 MMC 必不可少的设备，主要用来实现以下功能：从换流器交流出口看，上、下两个桥臂电抗器相当于并联关系，构成换流器出口电抗的一部分，对换流器的额定容量以及运行范围有一定的影响；从换流器直流出口看，上、下两个桥臂电抗器串联后与子模块组成的三个相单元并联于直流侧，而它们各自产生的直流电压不可能完全相等，存在一定环流在三个相单元之间流动。桥臂电抗的阻抗不仅可以限制环流的大小，也可以有效地减小换流器内部或外部故障时的电流上升率。特别是当换流器直流侧出口短路时，电流上升率能够被限制到较小的值，从而使 IGBT 在较低的过电流水平下安全关断，为系统提供更为有效和可靠的保护。

（1）换流器子模块数设计。子模块是构成换流器的最小单元，也是换流器中数量最多的元件，是换流器设计中最先需要考虑的问题。子模块的原理图如图 3-1 所示。

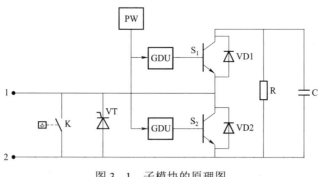

图 3-1　子模块的原理图

电力电子开关器件所能承受的电压等级，是确定换流器桥臂子模块数的决定性因素。换流器单元每个桥臂应能够承担换流器单元所分摊到的全部直流电压 U_{dc}，并留有一定的裕度。

为简化起见，将每个子模块的电容电压平均值记为 U_C，一个桥臂的级联子模块总数记为 N，则应满足

$$U_C N \geqslant U_{dc} \qquad (3-1)$$

即

$$N \geqslant \frac{U_{dc}}{U_C} \qquad (3-2)$$

在后面的分析中，为简化起见，暂时不考虑裕度，均认为式（3-2）取等号，即 $N = \dfrac{U_{dc}}{U_C}$。

（2）换流器电平数设计。换流器的电平数直接影响其输出交流电压的波形质量，当子模块数量较多时，其电平数还与控制器的控制周期 T_s 有关。电平数 n_{level} 和子模块数 N 这两个概念存在一定区别。电平数 n_{level} 指的是换流器输出的电压阶梯波中的电压阶梯数，子模块数指的是换流器单元一个桥臂上串联的子模块总数。

对于一般的级联型多电平换流器（如 5 电平、7 电平换流器等），电平数往

往较少，这种情况下，电平数与级联子模块的个数直接相关，且一般满足

$$n_{\text{level}}=N+1 \qquad\qquad (3-3)$$

式中：n_{level} 代表电平数，N 代表子模块数。为了方便构成零电平，一般 N 取偶数。

对于换流器拓扑，尤其是应用于高电压场合时，一个桥臂上串联的子模块数往往很多，甚至达到数百个以上。此时换流器输出波形的电平数 n_{level} 不仅和子模块数有关，而且和控制器的控制频率 f_a、输出电压调制比 k 密切相关，这种情况下式（3-3）不再适用。而 n_{level} 直接影响到输出波形的谐波特性，又与整个换流器的损耗有关。因此，有必要研究电平数与控制器控制频率、电压调制比以及输出电压总谐波畸变率（THD）之间的关系。

当采用最近电平逼近调制（NLM）方式时，如果子模块数的数量相当多，则在一个控制周期 T_s 中，正弦调制波的变化量有可能已经超过了 1 个子模块的电容电压值 U_c，由此可能导致一个控制周期中投入或切除多个子模块，从而使输出电压的电平数必然小于 $N+1$。这时，控制器控制频率对电平数的影响就凸显出来，为此需要研究控制器控制频率与电平数的关系。

电平数与控制频率的基本关系如下：对应确定的桥臂子模块数 N，利用MATLAB 对换流器输出电压的电平数与控制器控制频率的关系进行仿真研究，可以得到电平数随控制器控制频率变化的趋势曲线（见图 3-2），该结果对不同的子模块数具有通用性。

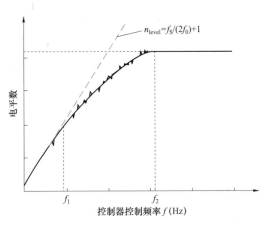

图 3-2　电平数与控制器控制频率的关系

由图 3-2 可以看出，在 N 一定的情况下，电平数 n_{level} 与控制器控制频率 f_s 间存在着类似饱和特性的关系。其中，存在两个临界频率 f_1 和 f_2，它们的意义如下：只有当 $f_1 > f_2$ 时，子模块才可能被充分利用，此时的电平数达到最大，即

$n_{\text{level}}=N+1$；而当 $f_1<f_2$ 时，电平数和控制器的控制频率便存在严格的线性关系，此时控制周期 $T_S=1/f_S$ 相对较大，使得电平数完全由半个基波周期 T_0 与 T_S 的比值决定，即电平数与控制器控制频率严格满足

$$n_{\text{level}} = \begin{cases} \dfrac{T_0}{2T_S} = \dfrac{f_S}{2f_0}+1; 当\dfrac{f_S}{2f_0}为偶数时 \\[4mm] \dfrac{f_S}{f_0}; 当\dfrac{f_S}{2f_0}为奇数时 \end{cases} \qquad (3-4)$$

式中：f_0 为基波频率。

根据式（3-4），极端情况下，当 $f_S=2f_0=100\text{Hz}$ 时，周波控制器只动作 2 次，换流器的输出波形退化为正负极性的矩形波，此时 $n_{\text{level}}=3$。因此，当 $f_S<f_1$ 时，电平数会随着 f_S 的下降而显著下降，造成输出电压的谐波含量显著上升。

接下来介绍两个临界控制频率的计算，为方便起见，首先定义换流器的输出电压调制比

$$k = \frac{e_j}{U_{\text{dc}}/2}(0 \leqslant k \leqslant 1) \qquad (3-5)$$

式中：e_j 为第 j 相内部电动势；U_{dc} 为直流电压。

同时定义输出电流调制比

$$m = \frac{I_v}{2}/\frac{I_{\text{dc}}}{3} \qquad (3-6)$$

式中：I_v 为换流器交流侧输出线电流峰值；I_{dc} 为直流电流，参考方向如图 3-3 所示。

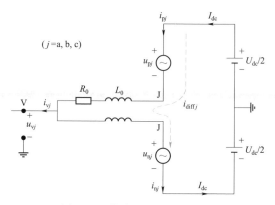

图 3-3　换流器单相等效电路

以 a 相为例，换流器的桥臂电压可以根据 NLM 控制规律得到

$$u_{\mathrm{pa}}(t) = \frac{1}{2}U_{\mathrm{dc}} - e_{\mathrm{a}}(t) = \frac{1}{2}U_{\mathrm{dc}}(1 - k\sin\omega_0 t) \quad （3-7）$$

由于上下两个桥臂各承担一半的交流电流，因此上桥臂电流可以表示为

$$i_{\mathrm{pa}}(t) = \frac{1}{3}I_{\mathrm{dc}} + \frac{1}{2}i_{\mathrm{va}}(t) = \frac{1}{3}I_{\mathrm{dc}}[1 + m\sin(\omega_0 t + \varphi)] \quad （3-8）$$

根据互补对称性，有

$$u_{\mathrm{na}}(t) = \frac{1}{2}U_{\mathrm{dc}}(1 + k\sin\omega_0 t) \quad （3-9）$$

$$i_{\mathrm{na}}(t) = \frac{1}{3}I_{\mathrm{dc}}[1 - m\sin(\omega_0 t + \varphi)] \quad （3-10）$$

式中：ω_0 为基波角频率。

因此，可以通过适当的调制方式控制各桥臂投入的子模块数目，以构成含有直流分量的正弦桥臂电压 $u_{\mathrm{p}j}$、$u_{\mathrm{n}j}$（j=a、b、c）。

下面通过理论计算推导临界频率 f_1 和 f_2 的表达式。由于桥臂电压 $u_{\mathrm{p}j}$、$u_{\mathrm{n}j}$ 中的直流分量并不会对电平数产生影响，因此可以假设控制器得到的调制电压参考值 u_{ref} 为一个标准的正弦波

$$u_{\mathrm{ref}}(t) = \frac{k}{2}U_{\mathrm{dc}}\sin(\omega_0 t) \quad （3-11）$$

式中：k 为式（3-5）定义的电压调制比。

在一个控制周期 T_{S} 内，电压参考值的变化可以近似地用其微分 $\mathrm{d}u_{\mathrm{ref}}$ 来表示。

$$\mathrm{d}u_{\mathrm{ref}}(t) = \frac{k}{2}U_{\mathrm{dc}}\omega_0\cos(\omega_0 t)\mathrm{d}t = \frac{k}{2}U_{\mathrm{dc}}w_0\cos(\omega_0 t)T_{\mathrm{S}} = kU_{\mathrm{dc}}\pi\frac{f_0}{f_{\mathrm{S}}}\cos(\omega_0 t)$$

$$（3-12）$$

式中：f_0 为电网基波频率；f_{S} 为控制器控制频率。

f_1 与最小电压阶梯相关，表示电平数 n_{level} 与控制器控制频率 f_{S} 完全呈线性关系的分界点，即在电压参考波 u_{ref} 最平坦处（峰值），一个控制周期 T_{S} 内开通的子模块个数（电压参考值恰恰变化 U_{c}）所对应的频率。根据式（3-12）有

$$\mathrm{d}u_{\mathrm{ref}}\big|_{\min} = kU_{\mathrm{dc}}\pi\frac{f_0}{f_{\mathrm{S}}}\cos(\omega_0 t)\big|_{\omega_0 t = \frac{\pi}{2} - \omega_0 t T_{\mathrm{S}}} = U_{\mathrm{C}} \quad （3-13）$$

由式（3-13）得

$$kN\pi\frac{f_0}{f_{\mathrm{S}}}\sin\left(\frac{2\pi f_0}{f_{\mathrm{S}}}\right) = 1 \quad （3-14）$$

假设 $f_{\mathrm{S}} \gg 2\pi f_0$，则式（3-14）可改写为

$$2kN \frac{\pi^2 f_0^2}{f_S^2} = 1 \qquad (3-15)$$

因此有

$$f_1 = \pi f_0 \sqrt{2kN} \qquad (3-16)$$

式中：f_0 为基波频率；k 为定义的电压调制比；N 为子模块数。

f_2 与最大电压阶梯相关，表示使子模块利用率达到最大的控制器控制频率，即每个子模块都将构成一个电平。它对应于电压参考值 u_{ref} 过零时刻（$\omega_0 t = 0$），其变化量恰巧等于一个 U_C 的情况。根据式（3-12）有

$$du_{ref}|_{max} = kU_{dc}\pi \frac{f_0}{f_S} \cos(\omega_0 t)|_{\omega_0 t=0} = U_C \qquad (3-17)$$

由此可以求出临界频率 f_2 为

$$f_2 = \pi f_0 kN \qquad (3-18)$$

式中：f_0 为基波频率；k 为定义的电压调制比；N 为子模块数。

从工程实际的角度考虑，为了充分利用子模块以实现更多的电平，f_S 应尽量靠近 f_2，但也没有必要大于 f_2；从降低换流器损耗的角度考虑，f_S 又应尽可能地小，但应尽量避免小于 f_1，因为此时控制频率的下降会导致电平数的急剧减小，严重影响波形质量和总谐波含量。

（3）桥臂电抗器设计。桥臂电抗器的大小直接影响换流器的工作性能，换流器单元的基本原理图如图 3-4（a）所示。其中换流变压器网侧公共连接点（point of common coupling，PCC）处电压的基波分量为 U_f，换流器输出电压的基波分量为 V，桥臂电抗器大小为 $2X_L$，等效为出口连接电抗后大小为 X_L。流过连接电抗器的基波电流为 I。X 为连接电抗器的基波电抗，由换流变压器的电抗 X_T 和桥臂电抗器等效电抗 X_L 两部分组成。

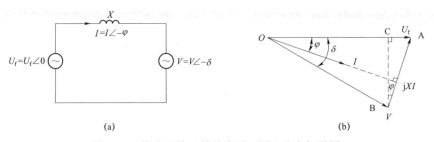

图 3-4　换流器单元的基本原理图和稳态相量图

（a）MMC 单元基本原理图；（b）MMC 稳态运行时的基波和量图

通过控制换流器输出电压 V 相对于 PCC 处电压 U_f 的相角和幅值的大小，就能分别控制系统的有功功率和无功功率。

换流器稳态运行时的基波相量图如图 3-4（b）所示。以 PCC 处电压为参考电压，$U_f = U_f \angle 0$，$V = V \angle -\delta$，$I = I \angle -\varphi$，其中 φ 为功率因数角。由图 3-4（b）可以得到

$$|BC| = IX\cos\varphi = V\sin\delta \tag{3-19}$$

$$(XI)^2 = (U_f - V\cos\varphi)^2 + (V\sin\delta)^2 \tag{3-20}$$

$$I = \frac{1}{X}\sqrt{(U_f - V\cos\varphi)^2 + (V\sin\delta)^2} \tag{3-21}$$

$$\varphi = \arctan\left(\frac{U_f - V\cos\varphi}{V\sin\delta}\right) \tag{3-22}$$

由式（3-22）知，当功率因数等于 1 时，$U_f = V\cos\varphi$，此时

$$I = \frac{V|\sin\delta|}{X}(\varphi = 0) \tag{3-23}$$

当流过连接电抗器的电流有效值等于额定值且功率因数等于 1 时，连接电抗器的 MVA 容量为

$$S_{LN} = I_N^2 X (\varphi = 0) \tag{3-24}$$

此时换流器的 MVA 容量为 $S_{MMC} = V_N I_N$，以此容量为基准有

$$S_L(\text{标幺值}) = \frac{S_{LN}}{V_N I_N} = |\sin\delta_N|(\varphi = 0) \tag{3-25}$$

可以发现，连接电抗器的容量与 PCC 处电压 U_f 和换流器输出电压 U 之间的相位差 δ_N 有关。δ_N 越大，连接电抗器的容量也越大，实际工程中一般把 δ_N 控制在较小的范围内，通常取 S_L（标幺值）为 0.1～0.3，此时 $|\delta_N|$ 约为 5.7～17.5，根据初步选择的 S_L（标幺值），就可以由式（3-24）求得 X，X（标幺值）通常为 0.1～0.3。

此外，实际工程中，谐波电流分量也会增加连接电抗器的容量，最终选择连接电抗器的容量时需适当考虑。

3.1.2　IGBT器件参数设计

IGBT 器件按封装工艺分为焊接式与压接式两类。对于中小功率应用，主要采用焊接式 IGBT 器件，该器件单面散热且失效模式为开路状态，外观如图 3-5（a）所示。压接式 IGBT 器件双面散热，失效模式为短路状态，常应用于大中功率场合，外观如图 3-5（b）所示。

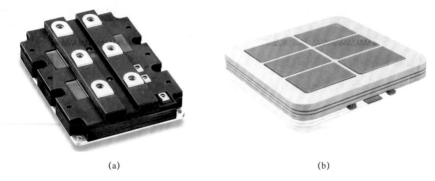

(a) (b)

图 3-5　IGBT 器件
（a）焊接式 IGBT 器件；（b）压接式 IGBT 器件

IGBT 器件参数的初步选择，首选需要根据系统功率运行点、连接变压器二次侧电压、调制比等参数计算得到桥臂电流峰值 I_{vmax} 和有效值 I_{vrms}。

$$I_{vmax} = \left(\frac{I_{DC}}{3} + \frac{\sqrt{2}}{2} I_{AC(50)} + \sqrt{2} I_{AC(100)} \right) \tag{3-26}$$

$$I_{vrms} = \sqrt{\frac{I_{DC}^2}{9} + \frac{I_{AC(50)}^2}{4} + \frac{I_{AC(100)}^2}{4}} \tag{3-27}$$

式中：I_{DC} 为直流电流；$I_{AC(50)}$ 和 $I_{AC(100)}$ 分别为连接变压器二次侧工频线电流有效值和环流有效值。

模块多电平换流器中单个子模块输出高电平的概率可按式（3-28）计算

$$p_c(\omega t) = \frac{u_v(\omega t)}{N_{tc} u_{c\_av}(\omega t)} \tag{3-28}$$

式中：N_{tc} 为换流器子模块串联数；$u_v(\omega t)$ 为换流器两端电压，是与时间有关的函数；$u_{c\_av}(\omega t)$ 为子模块电容器平均电压值，也是与时间有关的函数。

子模块内部上、下管器件电流有效值可分别按式（3-29）和式（3-30）进行计算

$$I_{up\_rms} = \sqrt{\frac{1}{2\pi} \int_{\omega t_1}^{\omega t_2} i_v^2(\omega t) p_c(\omega t) \mathrm{d}(\omega t)} \tag{3-29}$$

$$I_{low\_rms} = \sqrt{\frac{1}{2\pi} \int_{\omega t_1}^{\omega t_2} i_v^2(\omega t)(1 - p_c(\omega t)) \mathrm{d}(\omega t)} \tag{3-30}$$

式中：$i_v(\omega t)$ 为流经换流器的电流瞬时值及桥臂电流瞬时值，且 $i_v(\omega t) = I_{DC}/3 + \sqrt{2}/2 I_{AC(50)} \sin(\omega t + \theta_1) + \sqrt{2} I_{AC(100)} \sin(2\omega t + \theta_2)$；$\omega t_1$ 和 ωt_2 分别为一个工频周期内桥臂电流的过零点；I_{up_rms} 和 I_{low_rms} 分别子模块上、下管器件的

电流有效值。

然后，根据器件供应商提供的器件导通电流有效值与开关频率曲线图，确定满足要求的 IGBT 器件参数。在系统要求开关频率下，IGBT 器件有效电流允许值不小于实际导通电流有效值。一般来说，器件生产厂家都有几挡电流可以选择，一般遵循向上靠一挡的选择原则。

柔性直流换流器的导通电流是包含一定直流偏置的交流电流，器件以一定的开关频率不断地开通和关断。受器件最大运行结温限制，开关频率越高，器件允许的最大工作电流有效值越小。换流器损耗计算方法参见 IEC 62751。

器件的最大暂态电流出现在换流器直流双极短路故障工况中，子模块电容器通过直流接地点快速放电，交流系统也通过直流接地点馈入短路电流，故障电流可在 1ms 内迅速上升至几千安，换流器检测到故障电流全局闭锁，闭锁后交流系统仍然经由续流二极管持续向直流接地点馈入短路电流，直至交流断路器跳闸，该过电流持续时间达 100ms 左右。

闭锁前需要考虑 IGBT 器件在最大故障电流下的开通和关断能力，可关断器件的暂态电流能力可以参照数据手册中规定的安全工作区中最大可关断电流。如无特殊说明，数据手册规定的最大可关断电流为额定电流的两倍。

此外，IGBT 驱动是实现 IGBT 器件正常开通、关断，以及 IGBT 器件在各种异常工况下可靠保护的电路。它是控制系统和功率器件 IGBT 之间链接的纽带，因此驱动器除需要对 IGBT 各种故障进行监测并及时保护外，还需对上一层控制系统的命令进行监测，当上层控制系统受到干扰发出异常命令时，驱动器需可靠的关断 IGBT 防止其损坏。IGBT 驱动分为模拟驱动和数字驱动两大类，模拟驱动以逻辑门电路为核心，通过修改硬件电路实现 IGBT 开通、关断特性的优化调整，价格便宜、灵活性较差；数字驱动以可编程逻辑器件为核心，可单独编程实现开通、关断及损耗等性能优化，控制更加灵活。此外，数字驱动以明确的逻辑电平为控制指令，使得其抗干扰能力强、可靠性高。早期换流器采用模拟式 IGBT 驱动器，随着换流器电压和容量提升，对 IGBT 控制和保护要求提高，目前通常采用数字式 IGBT 驱动器。

3.1.3 电容器参数设计

换流器的子模块电容器主要是支撑子模块电压，并通过控制系统控制子模块电压的投入和切出，叠加形成近似正弦的多电平波形。

柔性直流换流器中选择的电容器为电力电子直流电容器。根据应用场合和电气应力的不同电力电子电容器可分为滤波与平滑电容器、直流电压支撑电容器、串联谐振电容器、放电电容器、晶闸管换相电容器、耦合电容器等。

从电压上看，子模块电容器承受的是带有纹波的直流电压，与直流电容器一致；从电流上看，其所承受的是断续的带有直流偏置的正弦交流电流，与直流电容器承受的带有直流偏置的方波电流基本相同。因此，选择的电容器类别为直流电容器。

目前，直流电容器的形式主要为金属化膜电容器，根据其中绝缘材料的不同又分为干式和充油式两种，主要区别在于电容器内所使用填充物的不同。绝缘填充物的主要作用是用来排空电容器内的空气，从而防止产生空气放电等一系列的绝缘问题。干式电容器内部充注气体（多为氮气和六氟化硫）或树脂作为绝缘介质，而充油式电容器内部充注植物油作为绝缘介质。

从制造工艺来讲，干式电容器的工艺要求及难度高、技术含量也更高，并且由于电容器内部不含油，因而具备较高的防火性能。在同等电压要求下，干式充气电容器体积稍大，但质量更轻，因为填充介质的不同，干式电容器产生噪声也较小。在散热性能方面，油式电容器散热性能优于干式电容器，更利于电容器的稳定。

一般来说，通过换流器的能量有两部分：一部分是有效送出或转换成其他形式的能量，另一部分则是以电磁能量的形式相互转化。因此，可以认为通过换流器的功率包括有功功率和无功功率。正常运行时，输入换流器的有功功率必须等于输出换流器的有功功率和损耗的功率之和，否则多余的能量要存储在子模块电容中，造成电容电压升高。换流器中的无功功率会引起子模块电容电压的波动，一个周期内充电的能量与放电的能量相等。因此子模块电容值的设计主要考虑一个周期内充电能量在桥臂模块上平均分配，并使模块电压波动小于允许值。

由于换流器 6 个桥臂的工作规律相同，这里以 A 相上桥臂为例进行分析。A 相上桥臂充电功率为

$$p_{a1} = u_{a1} i_{a1} \tag{3-31}$$

忽略换流器的损耗，根据输入输出换流器的有功功率平衡作如下假设

$$\begin{cases} M = \dfrac{\sqrt{2} U_a}{U_{dc}/2} \\ k = \dfrac{\sqrt{2} I_a / 2}{I_{dc}/3} \end{cases} \quad \text{且} kM = \dfrac{2}{\cos\varphi} \tag{3-32}$$

则式（3-31）可以写成

$$p_{a1} = U_a I_a \left(\frac{k \cos \varphi}{2} - \sin \omega t \right) \left(\frac{1}{k} + \sin(\omega t + \varphi) \right) \quad (3-33)$$

当 p_{a1} 为正时，给投入的子模块电容充电；p_{a1} 为负时，投入的子模块电容放电。分析式（3-33）可知一个周期内 p_{a1} 最多有 3 个过零点，分别为

$$\begin{cases} \omega t_1 = -\left[\arcsin\left(\frac{1}{k} \right) + \varphi \right] \\ \omega t_2 = \pi + \arcsin\left(\frac{1}{k} \right) - \varphi \\ \omega t_3 = \arcsin\left(\frac{1}{M} \right) (M \geqslant 1) \end{cases} \quad (3-34)$$

对于换流器拓扑，桥臂输出的最大交流电压不超过直流电压，M 不超过 1，因此一个周期（工频）内，桥臂的充放电能量为

$$\begin{aligned} \Delta W &= \int_{\omega t_1}^{\omega t_2} \left| p_{a1}(\omega t) \right| d(\omega t) \\ &= U_a I_a \cos\varphi \frac{k}{\omega} \left(1 - \frac{1}{k^2} \right)^{\frac{3}{2}} \\ &= \frac{2}{3} \frac{S_N}{\omega M} \left[1 - \left(\frac{M \cos\varphi}{2} \right)^2 \right]^{\frac{3}{2}} \end{aligned} \quad (3-35)$$

式中：S_N 为换流器瞬时的实际功率；M 为换流器调制比；$\cos\varphi$ 为换流器功率因数；ω 为工频角频率。

设一个周期内子模块电容电压波动 $\pm\varepsilon$，则有

$$\Delta W = \frac{1}{2} \frac{C_0}{n} (nU_0)^2 (1+\varepsilon)^2 - \frac{1}{2} \frac{C_0}{n} (nU_0)^2 (1-\varepsilon)^2 N = 2nC_0 U_0^2 \varepsilon \quad (3-36)$$

满足抑制子模块电容电压波动不超过 ε 的电容值为

$$C_0 = \frac{S_N}{2\omega n \varepsilon U_0^2} \left[1 - \left(\frac{M \cos\varphi}{2} \right)^2 \right]^{\frac{3}{2}} \quad (3-37)$$

式中：$\cos\varphi$ 为点 A 时的功率因数，值为 0.95；S_N 为点 A 时的容量，值为 3328MVA；M 为调制比，值为 0.75；n 为桥臂串联子模块数，值为 467；U_0 为子模块额定电压，值为 2200V。

以一个 3000MW 的柔性直流工程换流器为例，只要电容器电压波动值小于

换流器最大功率运行点 A 处的电容电压波动值［3000MW 换流站 A 点为（3150，1158）］，即可满足换流器功率运行区间的要求。因此针对 A 点进行计算，可以求得在不同传输功率引起的电压波动对电容器取值的影响，见表 3－1。

表 3－1   不同 ε 值所确定的电容器最小值

序号	换流站输出功率	功率传输允许波动（标幺值）	子模块电容值（mF）
1		0.10	16.5
2	3000MW	0.11	15.0
3		0.12	13.7
4		0.13	12.7

3.1.4　保护晶闸管参数设计

保护晶闸管（THY）的作用是当换流器直流侧发生短路故障或输电线路发生短路故障时，降低换流器承受的短路电流。在 IGBT 过电流保护闭锁后，保护晶闸管被触发导通，短路电流主要通过保护晶闸管而不用续流二极管承担，避免 FWD 长时间通过较大电流可能造成的过热损坏。因此，这就要求保护晶闸管具有较低的通态压降以满足分担短路电流要求，能够承受较大的短路电流、正常运行断态电压和反向电压。

保护晶闸管分担短路电流的能力主要决定于其与续流二极管的通态压降的大小关系。因此，在设计时需要对保护晶闸管的通态压降特性和 FWD 的通态压降特性进行配合。一般要求当电流超过 2 倍 IGBT 额定电流时，保护晶闸管的通态压降应小于 FWD 的通态压降。

晶闸管元件主要有三种形式，包括普通晶闸管、快速晶闸管和脉冲功率管。其中，快速晶闸管的通态压降比普通晶闸管的通态压降大，断态重复峰值电压 V_{DRM} 低。脉冲功率管比快速晶闸管的通态压降高，适合多周期群脉冲电流。普通晶闸管又分为全压接形和烧结形两种。在相同通态电流下，烧结形晶闸管的通态压降比全压接形晶闸管的通态压降为大，且烧结形晶闸管的通流能力较小。因此保护晶闸管的形式一般选择全压接形晶闸管。

晶闸管的参数设计一般按照以下几个步骤进行。

（1）峰值电压。保护晶闸管的额定峰值电压参数主要包括反向重复峰值电压 V_{RRM}、反向不重复峰值电压 V_{RSM}、断态重复峰值电压 V_{DRM} 和断态不重复峰值电压 V_{DSM}。忽略连接母排杂散电感的作用，保护晶闸管两端的电压与子模块下管 IGBT 器件两端电压相同。假设 IGBT 器件的额定直流电压为 $V_{dc\text{-}link}$，保护晶闸管的峰值电压建议不低于此电压。因此，保护晶闸管的峰值电压 V_{RRM}、V_{RSM}、V_{DRM} 和 V_{DSM} 均要选择高于 $V_{dc\text{-}link}$。

（2）通态电压。保护晶闸管的通态峰值电压 V_{TM} 是通态峰值电流 I_{TM} 的函数。为了实现保护晶闸管的短路电流保护作用，当电流超过 2 倍 IGBT 额定电流时，保护晶闸管的通态峰值电压 V_{TM} 不应小于 FWD 的正向电压 V_F。

（3）分流比。在晶闸管选型完毕后，还要根据晶闸管与二极管的通态特性进行校核。保护晶闸管承受短路电流幅值主要取决于保护晶闸管通态压降 V_{TM} 和续流二极管正向电压 V_F 的关系。若过电流保护闭锁后 FWD 芯片能够承受正向电流最大值 I_F，则要求保护晶闸管分流后流过 IGBT 的电流不超过 I_F。考虑一定的裕度，保护晶闸管的平均分流比建议不低于 85%。

晶闸管与 IGBT 器件中二极管的通态特性曲线如图 3-6 所示。可以看出，晶闸管的通态压降小于二极管。由于晶闸管的斜率电阻较小，因此随着短路电流的增加，晶闸管所分担的电流比例将会越来越大，可以较好地实现分流的作用。

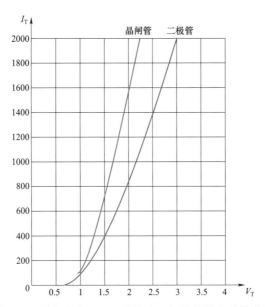

图 3-6 晶闸管与 IGBT 器件中二极管的通态特性曲线

（4）额定电流。稳态运行时保护晶闸管处于断态，仅有漏电流流过。极线短路故障时保护晶闸管被触发并流过数十千安电流，热应力要求高。因此，保护晶闸管的额定电流主要考虑通态不重复浪涌电流 I_{TSM} 的设计。

（5）温升校核。换流器发生直流双极短路故障时，保护晶闸管投入使用，这个过程基本等效为绝热过程,因而需要仔细核算晶闸管结温温升。

选择在最严重的情况下对晶闸管温升进行计算,即假设晶闸管在短路的同时开始导通,并且在短路过程中通过所有的短路电流。

假设随通态电流变化的晶闸管通态压降为 V_{TM},故障电流持续时间为 T,则晶闸管平均功耗计算表达式为

$$P_{on} = \frac{1}{T} \int_0^T (V_{TM}I) dt \qquad (3-38)$$

等效积分离散化后,平均功率计算表达式为

$$P_{on} = \frac{1}{T} \sum_0^T V_{TM} I \Delta t \quad (\Delta t = 0.000\ 2s) \qquad (3-39)$$

根据晶闸管数据手册提供的瞬态热阻抗曲线(见图 3-7),可知晶闸管对应任意时刻的热阻抗值 Z_T。

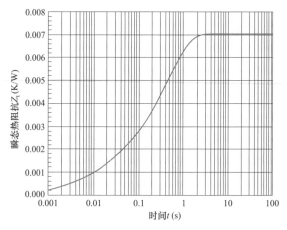

图 3-7 晶闸管瞬态热阻抗曲线

晶闸管温升 ΔT_{thy} 可由下式计算

$$\Delta T_{thy} = P_{on} Z_T \qquad (3-40)$$

3.1.5 旁路开关参数设计

旁路开关并联在子模块出口两端,当子模块正常工作时,旁路开关断开尚未投入运行,旁路开关的工作电压就是子模块出口电压。

由于换流器桥臂中的各个子模块电容处于不断地充放电过程中,因此电压波动比较剧烈。旁路开关的额定工作电压应为子模块额定电压的两倍左右。

换流器桥臂中电流 I_{arm} 表达式为

$$I_{arm} = \frac{1}{3}I_{dc} + \frac{1}{2}I_a \qquad\qquad (3-41)$$

式中：I_{dc} 为换流器直流侧电流；I_a 为换流器交流侧电流。

根据流经子模块额定电流的大小，再从设备安全角度考虑旁路开关的额定工作电流。在直流侧双极短路时，子模块中的直流侧电容将经过导通的 IGBT、二极管和短路点进行放电，串联在其中的旁路子模块旁路开关也需要承受这个电流。在直流侧发生短路故障后，子模块电容会发生短时放电，同时交流侧通过子模块中的二极管向直流侧放电。按照 GB/T 33348—2016 的要求，旁路开关要能够耐受额定电流 12 倍以上持续时间为 1s（除非厂家另有规定）的电流。

旁路开关最主要的作用是要在子模块不能正常工作时进行快速闭合，切除故障子模块，以不影响整体换流阀的正常运行。旁路开关的动作时间一般是 3ms 左右。

3.1.6 直流电阻参数设计

在换流器的启动和运行过程中，处于充电或闭锁状态的桥臂子模块会形成串联运行的状态。因此，需要在子模块的直流侧设置并联电阻，以使在启动、稳态或闭锁时对桥臂各子模块进行均压。另外，在换流器停运后子模块电容器也通过此电阻进行放电。

3.1.7 散热片参数设计

子模块在正常工作情况下的损耗主要由两个 IGBT 器件产生，而 IGBT 器件的损耗主要是由开关损耗、通态损耗、断态损耗构成。根据 GB/T 37015.1—2018 规定的计算方法，可以计算各个过程中的损耗。

此外，均压电阻安装于直流电容器的两端，正常运行时产生一定的功耗，且功耗与电阻值成反比。在散热器设计时，由于其与散热器接触面积较小，对散热器局部温度影响较大，必须对其仔细核算。

由于换流器单个子模块功耗较大，一般采用液冷散热器，冷却介质为纯水。

3.1.8 取能电源参数设计

取能电源的电压输入来自子模块的直流电容器电压，其值一般在（0.1~2）U_{dc}。为了保证电源的输入与输出隔离，隔离耐压值不小于 $4U_{dc}$。根据系统黑启动控制策略和子模块 IGBT 驱动器的要求，取能电源必须在较低输入电压下启动且在高电压时可靠工作。故取能电源具有启动电压低、工作电压范围宽、极端工作电压高等特点。

取能电源的输入电压上限受制于开关器件的耐压等级，常规开关电源的输入电压无法做到太高，因此设计时需考虑开关器件本身的安全裕度以及常规隔离开关电源拓扑的开关耐压等特性。针对取能电源的设计要求，几种常用电源拓扑的优缺点对比如表3-2所示。

表3-2　　　　　　　　　　　常用电源拓扑的优缺点对比

电源拓扑		优点	缺点
直接变换型	半桥拓扑	一次开关管只承受一倍输入电压，采用2个开关管可实现输入电压要求，无需采用多个电源电路的串联分压，电路拓扑简单	可靠性不高，存在上下桥臂直通的风险，会导致较严重后果，且电源实现复杂
	全桥拓扑	一次开关管只承受一倍输入电压，采用4个开关管可实现输入电压要求。无需采用多个电源电路的串联分压，电路拓扑简单	存在上下桥臂直通的隐患，辅助电源较难实现，需要4个开关器件成本较高
输入串联、输出并联分压型	反激拓扑	电路拓扑简单，且有较大的降额余量；辅助电源最容易实现，只需要一个单独的变压器绕组；无需额外的输出滤波电感，减小体积和重量；适用于小功率开关电源，具有多年的成熟应用，可靠性高	效率不高
	正激拓扑	电源拓扑成熟可靠，尤其是双管正激电路，具有天然的防直通特性；效率较高	需要额外增加去磁回路；比反激拓扑多一个输出滤波电感；若采用双管正激，需要采用多个电源串联分压，增加了电源的复杂性和体积

3.2　换流器暂态应力分析

换流器暂态故障应力分为交流故障应力和直流故障应力。针对交流、直流故障的特性和应力进行分析，是换流器电气设计的基础。

3.2.1　换流器交流侧故障特性与应力分析

换流器交流侧故障分为站内故障和站外故障，其中站内故障的严重程度比站外故障严重，因此这里主要讨论站内故障。而换流站内典型的交流侧故障为站内交流母线故障。下面主要针对站内交流母线故障进行分析，主要考虑常见的短路故障。

站内交流母线用于站内交流设备的连接，是换流站实现正常运行的必要环节。站内交流母线主要包括两种类型，即变压器二次侧母线和换流器交流端口母线（见图3-8）。由于故障后果的严重性，站内交流母线故障需要系统提供快速且可靠地保护动作。然而当换流器闭锁以后，其跳闸动作仍有一定的延时，在此期间由于故障点仍然与系统连接，换流器要承受一定的电气应力。

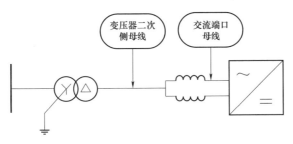

图 3-8 VSC-HVDC 系统站内交流母线分布

一般情况下，合理地换流站布局以及良好的站内环境决定了该母线的故障率非常低。但一旦发生故障，由于距离换流器很近，故障后果往往非常严重。因此，该母线故障一般视为永久故障处理，需要立即闭锁整个换流器并进行交流跳闸动作，经过检修以后才能对整个换流站进行重启。

（1）变压器二次侧母线故障。变压器二次侧母线用于连接换流变压器与桥臂电抗器。由于变压器一般采用 Y_N/Δ 连接，其能够对电网不对称接地故障的零序分量实现隔离，换流站内部不受零序电压电流的影响。而变压器二次侧母线不对称接地故障下，零序分量会通过站内的接地点形成通路，从而可能对站内设备产生过电压过电流应力，如图 3-9 所示。同时，由于进入接地支路的故障电流以对称的方式在电容中分配，因此进入接地支路的交流电流会造成直流侧形成共模基频振荡。

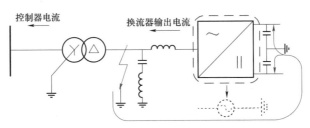

图 3-9 变压器二次侧母线故障特性示意图

变压器二次侧母线单相接地故障的典型波形如图 3-10 所示。从波形可以看到，有如下特征：换流器输出电流无法控制，故障时换流器过电流严重且发展迅速。为了避免换流器承受较大的过电流，要求换流器立即闭锁，同时需要交流断路器跳闸来切断站内故障电流。在不对称接地故障下，交流电压电流出现零序分量，同时直流侧电压出现共模基频振荡。不对称接地故障造成的直流侧电压共模基频振荡，会以零序分量的形式出现在非故障端的变压器二次侧电压中。

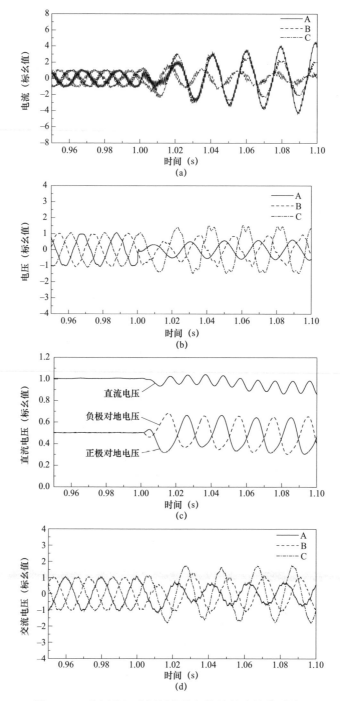

图 3-10 变压器二次侧母线单相接地故障的典型波形

（a）换流器交流端口电流波形；（b）故障点电压波形；（c）直流电压及电容电压波形；

（d）非故障端交流电压波形

在交流电网故障下，换流站本身的内部结构对称，测量电流与换流器输出电流在 dq 坐标系下一致，符合电流可控条件，因此换流器的输出电流能够被迅速控制为设定值，换流器一般可以等效为电流源。而变压器二次母线故障下，由于控制系统所采用的电流测量值与换流器的输出电流并不一致（见图 3-10），且内环电流控制所考虑的对称结构也已经被破坏，因此控制系统无法对电流进行有效控制。从故障波形可以看到，变压器二次侧母线故障下的故障特性和一般交流系统故障特性类似。一般情况下，可以近似按照一般的交流电压源来看待故障下的换流器，从这一点上讲，实际的变压器二次侧母线故障特性与所采用的控制方式、运行模式关系不大。换流器系统由于一般采用特别设计的高阻接地装置，所以不对称接地故障造成零序电流很小，但零序电压仍然存在，且会出现在直流侧造成共模基频振荡。

以单相接地故障为例，换流器系统在该故障暂态下会产生操作过电压。该过电压类似于中性点不接地系统的弧光接地过电压，即故障下造成的电压突变，通过桥臂电抗及换流器向电缆电容进行充电，从而造成高频振荡过程（见图 3-11）。

该过电压产生的原因有两个：① 换流器的工作原理决定其串入电路的工作状态有两种，即串入大电容和短路，因此其相对于操作波而言阻抗很小；② 由于换流器拓扑的电容分布在子模块内部，其交直流侧都没有较大的电容，直流侧电缆电容很小，因此故障初始时刻造成操作过电压无法被电容吸收，从充电回路可以看到，当交流相电压达到峰值时，故障过电压最大

$$U_{\max} = 2U_{\mathrm{acmax}} + \frac{U_{\mathrm{dc}}}{2} \qquad (3-42)$$

式中：U_{acmax} 为交流相电压峰值；U_{dc} 为直流电压。

考虑三相电压突变均通过桥臂电抗对电缆进行充电，由于回路电阻较小，操作波振荡频率为

$$\omega = \frac{1}{\sqrt{LC/3}} \qquad (3-43)$$

式中：L 为桥臂电抗；C 为电缆电容。

两电平系统由于交流侧滤波器电容和直流侧大电容的作用，操作过电压基本不会出现或者很小。

变压器二次侧母线的不对称接地故障会造成零序分量的产生，由于变压器无法对其实现隔离，零序分量会通过故障点与接地极形成通路。零序分量在柔性直流系统中的通路及其阻抗，主要取决于系统的拓扑。一般来说由于 YN/△ 变压器能够隔离零序分量，因此零序通路主要通过直流系统及换流器形成回路，两电平拓扑的零序通路如图 3-12 所示。

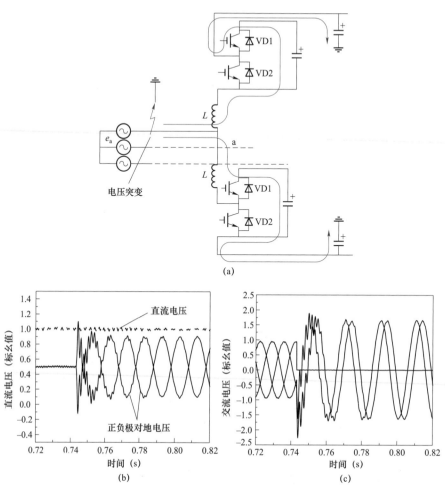

图 3-11 换流器暂态操作过电压机理及波形

（a）充电回路；（b）直流电压波形；（c）交流电压波形

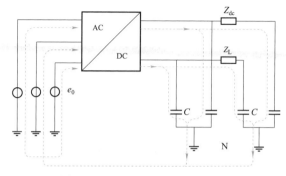

图 3-12 两电平拓扑的零序通路

交流侧的零序分量会以共模形式出现在直流侧，对于零序分量的数学模型，首先考虑采用 SPWM 的两电平拓扑。对于 SPWM 调制，其开关函数可以分为电压开关函数 $S_{uk}(k=a,b,c)$ 及电流开关函数 $S_{ik}(k=a,b,c)$，其电压开关函数描述如下

$$S_{uk} = \begin{cases} 1 & \text{上桥臂导通} \\ -1 & \text{下桥臂导通} \end{cases} \tag{3-44}$$

电流开关函数为

$$S_{ik} = \begin{cases} 1 & \text{上桥臂导通} \\ 0 & \text{下桥臂导通} \end{cases} \tag{3-45}$$

电压和电流开关函数通过傅里叶分解，可以分解为低频分量和高频分量的和，此处只考虑低频分量的作用。

SPWM 调制的开关函数的低频分量可以表示如下

$$\begin{cases} S_{uk} \approx m\sin(\omega_0 t + \delta_k) \\ S_{ik} \approx 0.5 + 0.5 \cdot m\sin(\omega_0 t + \delta_k) \end{cases} \tag{3-46}$$

式中：m 是换流器的调制比；δ_k 是移相角度。

由开关函数可知交流侧参数与直流侧参数的关系如下

$$\begin{cases} i_{dc} = i_a S_{ia} + i_b S_{ib} + i_c S_{ic} \\ u_k = 0.5 u_{dc} S_{uk} (k=a,b,c) \end{cases} \tag{3-47}$$

式中：i_{dc}, u_{dc} 为直流端口电流及直流端口电压；$u_k, i_k (k=a,b,c)$ 为交流端口电压及交流端口电流。

在分析零序分量时，不妨考虑开关函数含有负序分量，则电流开关函数故障下的低频分量就可以表示为

$$\begin{aligned} S_{ik} &= \frac{1}{2} + \frac{1}{2} m_k \sin(\omega_0 t + \delta_k) \\ &= \frac{1}{2} + \frac{1}{2} S_{ik}^+ + \frac{1}{2} S_{ik}^- \end{aligned} \tag{3-48}$$

式中：$m_k \sin(\omega_0 t + \delta_k), 0 < m_k < 1$ 为调制波。

设直流正极电流为 i_{dcp}，负极电流为 i_{dcn}，其与交流电流的关系为

$$\begin{aligned} i_{dcp} &= i_a S_{ia} + i_b S_{ib} + i_c S_{ic} \\ i_{dcn} &= i_a (S_{ia} - 1) + i_b (S_{ib} - 1) + i_c (S_{ic} - 1) \end{aligned} \tag{3-49}$$

故障下交流基频电流分为正序、负序及零序分量，则正极电流可以进一步表示为式（3-50），进而可以得到负极电流为式（3-51）。

从式（3-50）及式（3-51）可以看出，正负极电流中含有直流分量、二次

谐波分量两种差模分量以及共模基频分量。

$$i_{dcp} = i_a S_{ia} + i_b S_{ib} + i_c S_{ic}$$

$$= (i_a^+ + i_a^- + i_a^0)\left(\frac{1}{2} + \frac{1}{2}S_{ia}^+ + \frac{1}{2}S_{ia}^-\right)$$

$$+ (i_b^+ + i_b^- + i_b^0)\left(\frac{1}{2} + \frac{1}{2}S_{ib}^+ + \frac{1}{2}S_{ib}^-\right)$$

$$+ (i_c^+ + i_c^- + i_c^0)\left(\frac{1}{2} + \frac{1}{2}S_{ic}^+ + \frac{1}{2}S_{ic}^-\right) \qquad (3-50)$$

$$= \frac{1}{2}(i_a^+ S_{ia}^+ + i_b^+ S_{ib}^+ + i_c^+ S_{ic}^+ + i_a^- S_{ia}^- + i_b^- S_{ib}^- + i_c^- S_{ic}^-)$$

$$+ \frac{1}{2}(i_a^+ S_{ia}^- + i_b^+ S_{ib}^- + i_c^+ S_{ic}^- + i_a^- S_{ia}^+ + i_b^- S_{ib}^+ + i_c^- S_{ic}^+) + \frac{3}{2}i^0$$

$$i_{dcn} = i_a(S_{ia} - 1) + i_b(S_{ib} - 1) + i_c(S_{ic} - 1)$$

$$= \frac{1}{2}(i_a^+ S_{ia}^+ + i_b^+ S_{ib}^+ + i_c^+ S_{ic}^+ + i_a^- S_{ia}^- + i_b^- S_{ib}^- + i_c^- S_{ic}^-)$$

$$+ \frac{1}{2}(i_a^+ S_{ia}^- + i_b^+ S_{ib}^- + i_c^+ S_{ic}^- + i_a^- S_{ia}^+ + i_b^- S_{ib}^+ + i_c^- S_{ic}^+) \qquad (3-51)$$

$$- \frac{3}{2}i^0$$

故障下交流侧基频正序及负序电流与电流开关函数低频作用，只会在直流侧产生直流电流及二次谐波电流；相应地所产生的直流侧差模电压分量（直流电压与二次谐波电压）与电压开关函数作用，也会产生正序及负序电压分量，但不会对换流器出口基频零序电压有任何贡献，因此，零序分量与换流器的相互作用与正、负序分量是相互解耦的，只需要关注于交流侧零序电压基频分量与直流侧电压对应分量的相互关系。

由零序电流产生的直流电流共模分量经过直流电路所产生的共模电压如下

$$u_w = 1.5i_0 Z_{dc}(\omega_0) \qquad (3-52)$$

不考虑换流过程的死区❶影响，由于换流器每相的相单元必有一桥臂导通，因此换流器交流出口的每相电压必与直流出口的正极或负极对地电压相等。设直流正、负极对地电压分别为 u_p、u_n，则交流输出端电压为

$$u_k = S_{ik} u_p + \bar{S}_{ik} u_n \qquad (3-53)$$

只考虑直流极电压的共模分量 u_{wp}、u_{wn} 所产生的交流成分 u_{kw}，有

---

❶ 由于 IGBT 等功率器件存在一定的结电容，所以会造成器件导通/关断的延迟现象，这个延迟时间叫做死区时间。

$$
\begin{aligned}
u_{kw} &= S_{ik}u_{wp} + \overline{S}_{ik}u_{wn} \\
&= 1.5i_0Z_{dc}(\omega_0)(S_{ik} + \overline{S}_{ik}) \\
&= 1.5i_0Z_{dc}(\omega_0)
\end{aligned}
\tag{3-54}
$$

可以看到，该电压与相序无关，即为基频零序电压，或者说，从交流端口看入的两电平换流器零序阻抗为

$$
Z_C^0(\omega) = 1.5Z_{dc}(\omega_0)
\tag{3-55}
$$

换流器拓扑中，由于系统采用高阻接地，一般认为无零序电流，但零序电压仍然会造成直流侧对地电压的共模基频振荡，这是因为换流器的交流出口电压由于接地故障出现零序电压分量，即

$$
u_c = u_{cref} + u^0
\tag{3-56}
$$

式中：u_c 为换流器实际端口电压；u_{cref} 为换流器输出电压设定；u^0 为零序电压分量。

上、下桥臂投入的子模块电压 u_p、u_n 不因出现的零序分量而改变，仍符合如下关系

$$
\left.\begin{aligned}
u_p &= \frac{U_d}{2} - u_{cref} \\
u_n &= \frac{U_d}{2} + u_{cref}
\end{aligned}\right\}
\tag{3-57}
$$

因此实际直流正、负极对地电压为

$$
\left.\begin{aligned}
u_{dp} &= u_p + u_c = \frac{U_d}{2} - u_{cref} + u_{cref} + u^0 = \frac{U_d}{2} + u^0 \\
u_{dn} &= u_c - u_n = u_{cref} + u^0 - \frac{U_d}{2} - u_{cref} = -\frac{U_d}{2} + u^0
\end{aligned}\right\}
\tag{3-58}
$$

可见直流侧对地电压由于零序电压的存在出现了共模基频分量。

对于变压器二次侧母线故障，一般采用交流母线纵差保护进行快速动作，保护动作时间为数毫秒。由于保护的快速性，可以近似认为控制系统的调制参数在闭锁前不变。在实际分析中，可以将换流器等效为固定的电压源，利用对称分量法对电路进行求解。需要注意的是，站内不对称接地故障的零序阻抗与电网故障不同。实际上，直接电流控制系统由于控制系统响应速度快，虽然无法对电流进行有效地控制，但其输出的调制参数会出现一定的变化。这种变化对采用对称分量法计算故障电气量的精度有一定影响，但在工程设计中处于可接受的范围内。

（2）换流器交流端口母线故障特性。换流器交流端口母线指换相电抗器与

换流器之间的连接母线，其故障后果的严重程度高于变压器二次母线。

换流器交流端口故障会造成直流电容器通过换流器件直接放电，放电电流会对 IGBT 器件带来很大的冲击。如图 3-13 所示的单相接地故障，如果故障时刻桥臂投入的电容器电压小于电缆电压，则此时电缆电容器通过故障桥臂与接地点放电；如果桥臂投入的电容器电压大于电缆电压，则桥臂电容器对电缆充电。最恶劣的情况显然是桥臂上无电容器投入以及全部电容器投入两种情况。

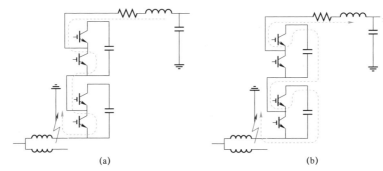

图 3-13　换流器系统单相接地故障下的充放电通路
（a）放电电流通路；（b）充电电流通路

假设直流单极对地电容为 C，初始电压为 $U_d/2$，桥臂杂散电感为 L，放电回路等效电阻为 R，则上述两种故障类型的放电等效电路均可表示为图 3-14。

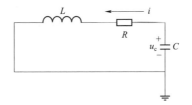

图 3-14　放电等效电路

电路放电的微分方程及初始条件如下

$$LC\frac{d^2 u_c}{dt^2} + RC\frac{du_c}{dt} + u_c = 0$$

$$u_c(0) = \frac{U_d}{2}, i(0) = 0$$

（3-59）

考虑 20km 的直流电缆，按照 T 型电路进行等效，放电回路相关的参数为 $L=0.87mH$，$C=5.76\mu F$，$R=0.76\Omega$，$U_d=100kV$。从而可以得到最大放电电流超过 8kA，电流到达最大值的时刻为 1ms，如图 3-15 所示。实际上电缆的放电电流与系统参数有很大的关系，如其超过驱动保护阈值，则可以通过驱动保护进行闭锁；如其放电电流较小，未超过保护阈值，则单相接地故障的稳态特性与变压器二次侧母线类似，可以采用相同的保护检测。

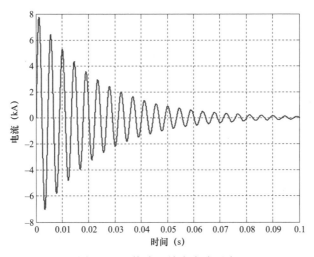

图 3-15 换流器放电电流示意

若发生两相短路故障，其故障桥臂存在与两电平类似的严重放电现象，放电通路如图 3-16 所示。其放电电流的大小由两故障桥臂所投入的模块数差决定，即故障时刻，最大的压差为线电压峰值。

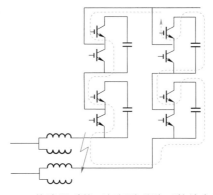

图 3-16 换流器系统两相短路故障下的放电通路

综上所述，换流器交流端口母线单相接地故障的暂态电缆放电电流与系统参数相关，稳态故障特性与变压器二次侧母线类似，而其他短路故障会造成极大的电容器放电电流使驱动保护动作。此时，对于故障的保护往往也由换流器的驱动电路来承担。

由于换流器拓扑采用高阻接地，因此单相接地故障下只存在过电压应力，当仅有故障换流器闭锁以后，其等效电路如图3-17所示。换流器闭锁以后，健全相电压峰值仍为额定电压的1.732倍。

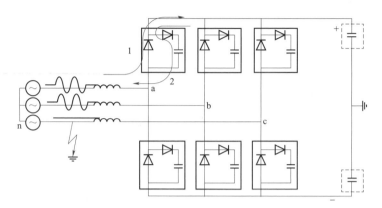

图3-17　换流器拓扑单相接地故障闭锁后的等效电路

闭锁后波形变化示意图如图3-18所示，直流电压的变化可以分为四个阶段：

$t_1 \sim t_2$阶段：初始状态下，电缆电容电压小于交流电压峰值，当交流电压高于直流电压时，交流电压通过二极管对直流电缆电容进行充电箝位，如图3-17中的通路1。

$t_2 \sim t_3$阶段：交流电压达到峰值后下降，二极管随之关断，直流电缆电容电压维持。

$t_3 \sim t_4$阶段：只有当t_3时刻交流电压下降到一定程度，此时直流电压与交流电压的压差，即换流器桥臂两端电压高于其桥臂电容总电压时，子模块的上臂二极管才会导通，此时直流电缆电容的电位又由交流电压和桥臂电容总电压箝位，如图3-17中的通路2。

$t_4 \sim t_5$阶段：交流电压到达波谷后上升，上臂二极管关断，直流电缆电容电压维持。

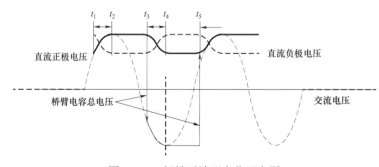

图3-18　闭锁后波形变化示意图

由此可见，单站闭锁后的直流电压仍然不对称，这种不对称也会对非故障站造成影响。而两相短路以及三相短路故障下一般没有过电压，因此闭锁后换流器桥臂也不会继续导通，故障站对非故障站没有影响，在故障站闭锁后，非故障站可以持续运行。

对于换流器两站闭锁的情况，故障站的应力变化和直流电压的变化基本与单站闭锁是类似的，而非故障站闭锁以后就不再承受较大的应力。

以上分析及波形，均按照发送端为有功控制，接收端为直流电压控制，同时发送端故障为例进行的。对于其他控制配合（主要为故障端的有功控制器类型）方式，根据故障端为发送端还是接收端，具体分析如下：

1）两站闭锁的情况，故障后果与控制方式和运行模式关系不大。

2）单站闭锁的情况，如果故障端为有功控制，未故障端为直流电压控制，那么其应力与上述分析类似，与是否处于整流、逆变的运行模式关系不大。不同点是，如果未故障端原来是发送端，则由于控制延时，未故障端能量导致电容器小幅度过电压然后恢复，反之，如果未故障端原来是接收端，则由于控制延时，未故障端能量输出导致电容器小幅度欠电压然后恢复。

3）单站闭锁的情况，如果故障端为直流电压控制，未故障端为有功控制，则其故障后果与保护策略相关。因为在未故障端为发送端时，此时有功控制会导致持续的功率输入，从而造成电容器严重过电压，此时需要通过保护或通信闭锁该端并跳闸，此时的应力与两站闭锁类似但更为严重；而未故障端为接收端时，此时有功控制导致功率持续输出，从而导致电容器欠电压，此时需要通过/欠电压保护或通信闭锁该端并跳闸，此时的应力与两站闭锁类似但后果稍轻；另外，两种情况下也可以通过切换未故障端为直流电压控制，从而保证该端的正常运行。此时应力与2）中控制方式配置下的单站闭锁类似。

综上可知，换流器承受的电气应力主要包括四种，即电流应力、直流端对地电压应力、交流端对地电压应力以及端间电压应力。

电流应力包括两类：① 变压器二次侧母线故障引起的工频过电流；② 换流器交流端口故障造成的迅速过电流，两种过电流由于形式不同，因此需要在不同的试验中进行考虑。交直流端对地的应力以单相接地故障下最大，交流侧最大工频过电压可达额定相电压的 1.732 倍，而直流侧对地最大过电压闭锁前承受直流单极对地电压与交流侧零序电压之和，其波形为交直流混合电压。闭锁后最大过电压为两站闭锁情况，其过电压为直流量，幅值不低于交流额定相电压的 1.732 倍（由于交流最大相电压的箝位）。需要指出的是，换流器拓扑故障初始阶段，交直流侧对地电压还会出现较大的操作过电压。对于端间电压应力，换流器端间由于其子模块电容的箝位，不会出现过电压。

3.2.2 换流器直流故障特性与应力分析

柔性直流电网在直流故障下的暂态应力会对系统的安全稳定运行构成极大的挑战。一般的直流侧故障主要分为单极接地故障和双极短路故障两种。

直流线路单极接地故障是指单极导线发生对地短路故障，如图 3-19 所示。

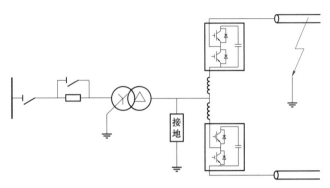

图 3-19　换流器单极接地故障示意图

由于换流器的电容分布于每一个子模块内，单极接地故障没有给电容器提供放电通路，因此直流侧电压仅出现电位的跳变，即故障极电位被箝制为零，非故障极对地电位迅速升至原来的 2 倍。同时由于直流总电压并未发生明显变化，交流侧电流并无明显变化，如图 3-20 所示。

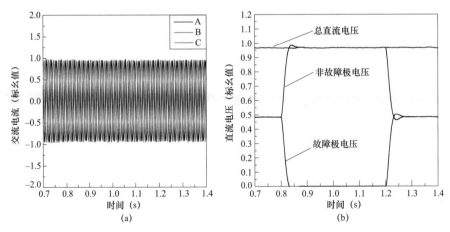

图 3-20　换流器单极接地故障波形
（a）交流电流波形；（b）直流电压波形

当直流侧存在一定长度的线路时，非故障极的电位跳变伴随操作过电压。这是由于故障极电压被箝位为零，健全极的电位上升是由于桥臂电容通过桥臂电抗对该极电缆充电引起的，因此该过程中必然引起该极电缆产生过电压。等效充电电路电缆用 T 型等效电路表示，见图 3-21（a）。

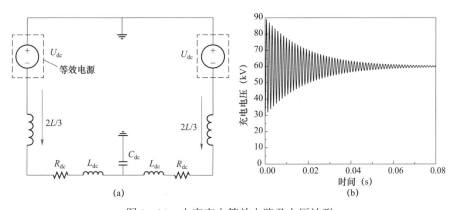

图 3-21　电容充电等效电路及电压波形
（a）电容充电等效电路；（b）电容充电电压波形

考虑到电缆的电抗相对于桥臂电抗可以忽略，回路的等效电阻相对较小，故障最大过电压接近直流极对地电压的 3 倍，其振荡频率为

$$\omega = \frac{1}{\sqrt{LC_{dc}/3}} \tag{3-60}$$

充电电压波形如图 3-21（b）所示，过电压主要对电缆、电抗器以及变压器二次侧产生过压应力。针对充电造成的过电压，直流侧应当加装避雷器来限制。

换流器闭锁后的故障特性与两电平也有所不同。首先，由于换流器系统不需要交流滤波器，不存在电容箝位的问题；同时，由于其交流站内存在接地装置，变压器二次侧电压能够快速恢复正常。以图 3-22 所示的换流器闭锁后故障为例，由于直流正极电压始终被箝位，因此其三相电压只能大于等于零。这是因为一旦某相电压过零，则该相下桥臂二极管导通，必然使该相形成接地，另外两相的电压上升至额定值的 1.732 倍。从图 3-22（b）给出的波形可以看到，这种接地形式是三相交替的。

若故障为暂时性故障，由于故障电流一般很小，故障同样可能自动清除。一旦故障清除，其直流电压可以通过交流接地装置自动进行平衡，因此一般情况下恢复过程不用考虑直流电压的平衡设计。但为防止电弧的重燃，其平衡速度应当加以限制。

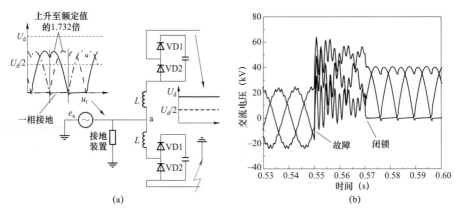

图 3-22　换流器闭锁后故障机理及交流电压波形

（a）闭锁后故障机理；（b）交流电压波形

当发生直流线路双极短路故障后，子模块电容将通过桥臂电抗和故障点进行放电，交流系统也将通过故障点形成短路。从图 3-23 中可以看到，由于电容放电是通过桥臂电抗的，由于桥臂电抗的抑制作用，电容放电的速度会得到抑制。但是由于电容放电电流流经桥臂，此时桥臂承受的电流为交流电流与电容放电电流的叠加，因此换流器要承受较大的电流应力。

此时的电容放电电流可以通过等效二阶电路进行估算（见图 3-24）。其中 n 为相单元投入的总模块数，总的电容值等效为串入电路的实际电容值的两倍，因为桥臂的总模块数是投入的模块数两倍，模块的交替投入造成放电速度降低，也就相当于增大了电容值，而回路电抗值则为桥臂电抗的两倍。

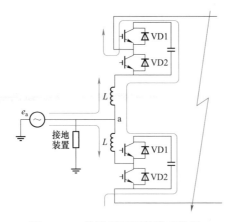

图 3-23　换流器两极短路示意图

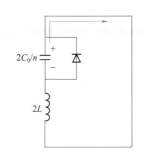

图 3-24　两极短路放电等效电路

桥臂的最大放电电流可以认为是电容能量完全转化为电感能量时的电感电流

$$\frac{1}{2} \times 2nC_0U_0^2 = \frac{1}{2} \times 2Li^2 \Rightarrow i = \sqrt{\frac{nC_0U_0^2}{L}} \qquad (3-61)$$

对于二阶电路来说，当电容放电结束后，下一阶段电感将对电容充电。然而由于二极管的存在，电容无法反向充电，因此将进入电感的续流阶段，如图 3-25 所示。此时桥臂电流可以近似认为是放电电流与交流短路电流一半的叠加，故障波形如图 3-26 所示。

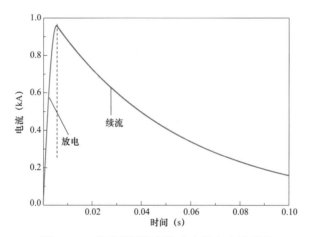

图 3-25　换流器两极短路电容放电电流示意

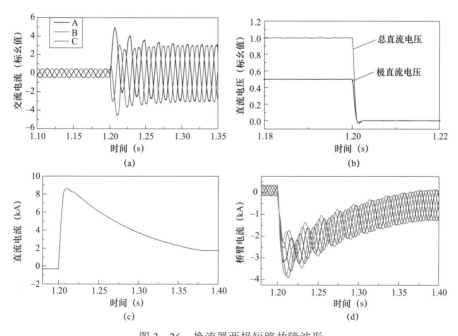

图 3-26　换流器两极短路故障波形

（a）交流电流波形；（b）直流电压波形；（c）直流电流波形；（b）桥臂电流波形

当换流器闭锁后，由于桥臂电抗的存在，使得换流器承受的应力情况与两电平换流器有所不同，其等效电路如图 3-27 所示。

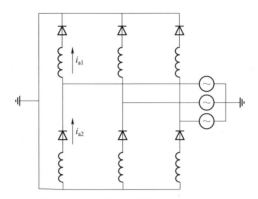

图 3-27　换流器闭锁后的等效电路

以 A 相为例，设 A 相电压为 $e_a = E_0 \sin \omega_0 t$，当 A 相电压为正时，上臂二极管导通，此时桥臂电流满足

$$\left.\begin{aligned} L\frac{\mathrm{d}i_{\mathrm{za1}}}{\mathrm{d}t} &= E_0 \sin \omega_0 t, i_{\mathrm{za1}}(0_-) = 0 \\ \Rightarrow i_{\mathrm{za1}} &= -\frac{E_0}{\omega_0 L}\cos \omega_0 t + \frac{E_0}{\omega_0 L} \end{aligned}\right\} \qquad (3-62)$$

显然，此时上桥臂电流不会变负，则上臂二极管基本一直导通。

对于下桥臂来说，当 A 相电压为负时，下臂二极管导通，桥臂电流满足

$$\left.\begin{aligned} L\frac{\mathrm{d}i_{\mathrm{za2}}}{\mathrm{d}t} &= -E_0 \sin \omega_0 t, i_{\mathrm{za2}}(\omega_0 t = \pi) = 0 \\ \Rightarrow i_{\mathrm{za2}} &= \frac{E_0}{\omega_0 L}\cos \omega_0 t + \frac{E_0}{\omega_0 L} \end{aligned}\right\} \qquad (3-63)$$

该桥臂电流一直为正，二极管基本一直导通，此时直流侧电流为

$$i_{\mathrm{d}} = \frac{3E_0}{\omega_0 L} \qquad (3-64)$$

即直流侧电流为交流三相短路电流（经桥臂电抗）峰值的 1.5 倍。闭锁后的桥臂电流分布及波形如图 3-28 所示。

通过对单极接地故障以及两极短路故障的机理分析，可以得到直流侧故障时换流器的电气应力如下：

（1）电流应力。换流器承受的主要电流应力为双极短路闭锁前与闭锁后产生的过电流。

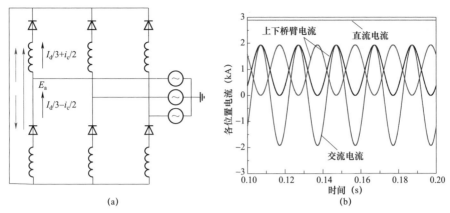

图 3-28 桥臂电流分布及波形

（a）电流分布；（b）电流波形

（2）换流器直流端对地电压应力。换流器直流端最大对地电压应力应考虑由单极接地故障产生的 2 倍过电压。而换流器拓扑在考虑该过电压的同时，还要考虑初始阶段由于电缆充电所产生的操作过电压应力。

（3）换流器交流端对地电压应力。换流器交流端对地最大电压同样考虑单极接地故障所产生的应力，两电平最大应力波形闭锁前为直流偏置 $0.5U_d$ 叠加 PWM 方波，最大幅值为总的直流电压，闭锁后最大应力为直流偏置 $0.5U_d$ 叠加交流额定相电压。而 MMC 的最大应力与两电平闭锁后相同，但同样要考虑由初始充电造成的操作过电压。

（4）换流器端间电压应力。直流线路故障下，换流器端间的最大电压应力因拓扑不同而不同。两电平拓扑的最大电压应力为单极接地闭锁后的换流器端电压差，即额定直流极对地电压与交流额定相电压的叠加，然而其与正常闭锁情况下的换流器端间电压差别不大。而 MMC 的端间电压总是由桥臂电容箝位，不会出现过电压。

3.2.3 直流电网故障特性与应力分析

下面针对对称双极主接线方式的四端直流电网系统发生直流侧单极接地故障的情况，分析其直流侧极对极短路故障情况下的暂态电流应力。

当直流侧发生双极短路故障时，考虑检测延时、传感器的动作延时以及传输延时，子模块会在数毫秒之内进入闭锁模式（大约 2～5ms）。其间故障电流分量包含电容放电电流和交流系统馈能电流，其中电容放电占主要成分，交流系统馈入的电流可以忽略。在这个阶段，子模块按照正常的调制模式进行投切，任一时刻上下两桥臂一共投入 N 个子模块。由于系统的等效开关频率很高，其间所有的子模块均会投入或切除，根据"电容电压高的子模块优先放电，电容电压低的子模块优先充电"的原则，每相子模块可近似分为两个组（每组 N 个子模块），依次交替放电。四端直流电网故障放电等值电路如图 3-29 所示，其中 C'_eq 为每相投入的 N 个子模块的等效电容，L 和 R 分别为桥臂电抗和桥臂电感，L_dc 和 R_dc 分别为直流侧的电感和电阻，i_af、i_bf、i_cf 分别为 a、b、c 三相的故障电流，i_dcf 为直流侧故障电流，u_af、u_bf、u_cf 分别为 a、b、c 三相故障期间投入子模块对直流侧产生的电压。

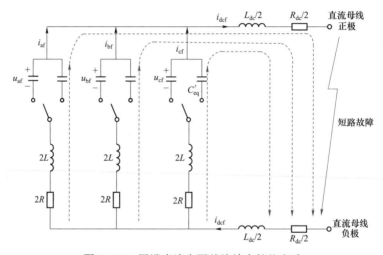

图 3-29　四端直流电网故障放电等值电路

根据基尔霍夫电压定律，可以列写直流回路方程如下

$$
\begin{cases}
2L\dfrac{\mathrm{d}i_\text{af}}{\mathrm{d}t} + 2Ri_\text{af} - u_\text{af} + L_\text{dc}\dfrac{\mathrm{d}i_\text{dcf}}{\mathrm{d}t} + R_\text{dc}i_\text{dcf} = 0 \\[2mm]
2L\dfrac{\mathrm{d}i_\text{bf}}{\mathrm{d}t} + 2Ri_\text{bf} - u_\text{bf} + L_\text{dc}\dfrac{\mathrm{d}i_\text{dcf}}{\mathrm{d}t} + R_\text{dc}i_\text{dcf} = 0 \\[2mm]
2L\dfrac{\mathrm{d}i_\text{cf}}{\mathrm{d}t} + 2Ri_\text{cf} - u_\text{af} + L_\text{dc}\dfrac{\mathrm{d}i_\text{dcf}}{\mathrm{d}t} + R_\text{dc}i_\text{dcf} = 0
\end{cases}
\tag{3-65}
$$

其中

$$
\begin{cases}
C'_\text{eq}\dfrac{\mathrm{d}u_\text{af}}{\mathrm{d}t} = -i_\text{af} \\[2mm]
C'_\text{eq}\dfrac{\mathrm{d}u_\text{bf}}{\mathrm{d}t} = -i_\text{bf} \\[2mm]
C'_\text{eq}\dfrac{\mathrm{d}u_\text{cf}}{\mathrm{d}t} = -i_\text{cf}
\end{cases}
\tag{3-66}
$$

根据基尔霍夫电流定律有

$$i_{af} + i_{bf} + i_{cf} = i_{dcf} \qquad (3-67)$$

对式（3-65）进行求导，然后三相相加，并将式（3-66）和式（3-67）代入求导的式中，则得到直流侧故障电流满足的方程为

$$\frac{d^2 i_{dcf}}{dt^2} + \frac{R_{dc} + 2/3R}{L_{dc} + 2/3L} \frac{di_{dcf}}{dt} + \frac{i_{dcf}}{3C'_{eq}(L_{dc} + 2/3L)} = 0 \qquad (3-68)$$

令

$$L' = L_{dc} + \frac{2}{3}L \qquad (3-69)$$

$$R' = R_{dc} + \frac{2}{3}R \qquad (3-70)$$

则式（3-68）可简化为

$$\frac{d^2 i_{dcf}}{dt^2} + \frac{R'}{L'} \frac{di_{dcf}}{dt} + \frac{i_{dcf}}{3C'_{eq}L'} = 0 \qquad (3-71)$$

在故障检测阶段，系统仍按正常运行状态控制，半桥子模块和全桥子模块均有投入，每相投入的总个数仍为 N。因此故障检测阶段投入的全桥和半桥子模块电容放电，每相的等效电容为 $C_{eq} = C_0/N$，代入式（3-71）则得到

$$\frac{d^2 i_{dcf}}{dt^2} + \frac{R_{eq}}{L_{eq}} \frac{di_{dcf}}{dt} + \frac{i_{dcf}}{(3C_0/N)L_{eq}} = 0 \qquad (3-72)$$

令

$$C''_{eq} = 3C_0/N \qquad (3-73)$$

此放电阶段直流侧的等值电路可以简化为如图 3-30 所示的形式。

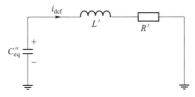

图 3-30 四端直流电网故障放电简化等值电路

由图 3-30 可知，直流侧故障等值电路是一个二阶振荡放电回路，假设故障发生时，直流电流初始值为 i_{dc0}，直流侧初始电压为 u_{dc0}，则直流侧电流的解析表达式如下

$$i_{dcf} = e^{-\frac{t}{\tau}} \left[-\frac{i_{dc0}\omega_0}{\omega'} \sin(\omega't - \alpha) + \frac{u_{dc0}}{\omega'L_{eq}} \sin(\omega't) \right] \qquad (3-74)$$

其中

$$\begin{cases} \tau = 2L'/R' \\ \omega' = \sqrt{1/(L'C''_{eq}) - [R'/(2L')]^2} \\ \omega_0 = \sqrt{1/(L'C''_{eq})} \\ \alpha = \arctan(\omega'\tau) \end{cases} \qquad (3-75)$$

故障检测阶段直流侧电流的衰减时间常数 τ 决定电流衰减的快慢，由换流器的桥臂电感、电阻以及直流侧的电感、电阻确定；振荡频率 ω' 由回路中的等效电容、等效电阻和等效电感共同决定。

对于直流电网来说，其特殊性还在于换流站出口处电流存在分流情况，即换流站输出的直流电流与线路上的电流不等。当发生直流侧单极接地故障时，两者上升速度亦不相同，这与直流线路平波电抗器参数有关。

假设换流站与直流断路器的过电流保护动作阈值为该线路上额定电流的 2 倍，且认为换流站闭锁动作可瞬间完成，而直流断路器从检测到故障电流至完全断开存在几毫秒的延时。对于图 3-31 所示的四端直流电网发生接地故障的情况，以故障线路电流 i_{1f} 为例，分析平波电抗器取值不同对该故障电流特性的影响。

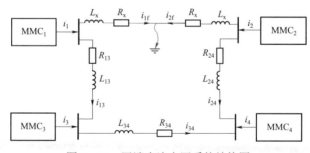

图 3-31 四端直流电网系统结构图

假设平波电抗器 $L=L_3$ 足够大，线路故障电流 i_{1f} 将先于 i_1 上升至 2 倍额定电流值并触发直流断路器动作，t_5 时刻 i_{1f} 小于断路器的最大可关断电流，则断路器完全断开，i_{1f} 迅速降至零。此时 i_{1f} 如图 3-32 中 L_3 波形所示。

当 $L=L_2$ 适中时，故障后 i_{1f} 迅速上升，断路器与换流站相继检测到故障状态，但换流器闭锁动作先于直流断路器，t_2 时刻换流站闭锁，子模块电容停止放电，i_{1f} 上升速度放缓，直到 t_4 时刻断路器完全断开，电流降至零。此时 i_{1f} 如图 3-32

中 L_2 对应波形所示。

当 $L=L_1$ 足够小时，故障电流上升极快，t_1 时刻换流站闭锁，i_{1f} 上升速度放缓，然而到 t_4 时，i_{1f} 已经超出直流断路器的最大关断能力，断路器断开失败。

总结三种情况，平波电抗器的取值应存在临界值 L_{max} 和 L_{min}，使得：

（1）$L_1<L_{min}$ 时，直流断路器关断失败，相邻换流站闭锁；

（2）$L_{min}<L<L_{max}$ 时，相邻换流站闭锁，直流断路器关断；

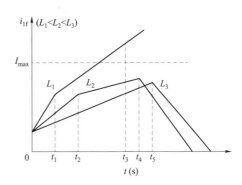

图 3-32 不同平波电抗器取值
对故障电流特性的影响

（3）$L_{max}<L$ 时，仅直流断路器动作，换流站未检测到故障电流。

若从系统的角度分析故障特性，随着平波电抗器取值的不同，对于系统中的每个换流站及其相邻的直流断路器都存在上述三种情况，因此，也存在诸多不同的故障后系统运行状态。当平波电抗器取较大的某一值时，如图 3-33（a）所示，仅直流断路器动作，而换流站未闭锁；当平波电抗器取适中的某一值时，如图 3-33（b）所示，与故障点相邻的两换流站相继闭锁，断路器相继断开；当平波电抗器取极小的某一值时，如图 3-33（c）所示，多个换流站闭锁，且与故障点相邻的直流断路器关断失败。

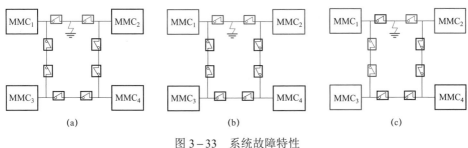

图 3-33 系统故障特性
（a）$L=L_3$；（b）$L=L_2$；（c）$L=L_1$

因此，为分析平波电抗器的取值对系统各故障电流应力的影响，需要建立各故障电流与平波电抗器之间的数学关系。以图 3-31 所示的四端直流电网为例，换流站换流器 1、换流器 2 到故障点之间总阻抗用 L_x+R_x 表示，其中 L_x 为平波电抗器 L 与线路电抗之和。

采用图 3-34 所示等效电路对故障后单个换流器换流站模型进行简化。由于故障发生初期系统尚未检测到故障，子模块仍按照正常调制模式进行投切，任意时刻上、下桥臂总共投入 N 个子模块。根据电容电压平衡控制原理，可以将每相所有子模块近似等分为两组，依次交替放电，近似认为每相中交替放电的两组子模块处于并联状态。此时正极换流器的等效 RLC 二阶放电回路如图 3-34（a）所示。其中 L 为桥臂电感，R 为桥臂等效电阻，C 为子模块电容。进一步化简后得到图 3-34（b）所示电路。

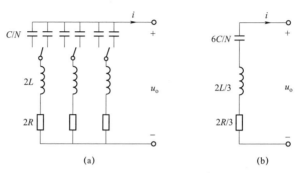

图 3-34　单个换流站等效电路
（a）RLC 二阶放电回路；（b）简化电路

下面分别以平波电抗器 $L=L_3$、L_2、L_1 三种情况，建立故障电流的数学表达式。

（1）$L=L_3$。当平波电抗器 $L=L_3$ 时，从 t_0 时刻故障发生到成功隔离故障的数毫秒时间内，各换流站均正常运行，等效电路如图 3-34 所示。$t=t_0$ 时刻发生故障，故障瞬间各换流站出口处电压会发生跌落，根据基尔霍夫定律对换流器 1 出口节点列写方程，线路电阻的影响可忽略

$$\begin{cases} u_{o1}(t_0) = L_x \dfrac{\mathrm{d}i_{1f}}{\mathrm{d}t} = u_{c1} - \dfrac{2}{3}L\dfrac{\mathrm{d}i_1}{\mathrm{d}t} \\[2mm] \dfrac{\mathrm{d}i_{1f}}{\mathrm{d}t} = \dfrac{\mathrm{d}i_1}{\mathrm{d}t} - \dfrac{\mathrm{d}i_{13}}{\mathrm{d}t} \\[2mm] \dfrac{\mathrm{d}i_{13}}{\mathrm{d}t} = \dfrac{u_{o1}(t_0) - u_{o3}(t_0)}{L_{13}} \end{cases} \tag{3-76}$$

其中 u_{c1} 为子模块电容电压，因为电容放电缓慢，可以将其视为恒定电压源，$u_{o1}(t_0)$、$u_{o3}(t_0)$ 为故障后换流器 1、换流器 3 出口电压，两者之间关系如下

$$u_{o3}(t_0) = u_{o1}(t_0) + \frac{L_{13}}{L_{13} + 2L/3}[U_{o3} - u_{o1}(t_0)] \tag{3-77}$$

其中 U_{o3} 为稳态运行时的换流器 3 出口电压，与子模块电容电压 u_c 相等。将式（3-77）代入式（3-76）可以求出 $t=t_0$ 瞬间 $\mathrm{d}i_1/\mathrm{d}t$、$u_{o1}(t_0)$ 的值

$$\begin{cases} \left.\dfrac{\mathrm{d}i_1}{\mathrm{d}t}\right|_{t=t_0} = \dfrac{U(L_{13}+2L/3)}{2L/3(2L_x+L_{13}+2L/3)+L_xL_{13}} \\ u_{o1}(t_0) = \dfrac{L_{13}+2L/3}{L_x+L_{13}+2L/3}\left(L_x\left.\dfrac{\mathrm{d}i_1}{\mathrm{d}t}\right|_{t=t_0} + \dfrac{U_{o3}L_x}{L_{13}+2L/3}\right) \end{cases} \quad (3-78)$$

将得到的 $u_{o1}(t_0)$ 再代入式（3-77）即可求出 $u_{o3}(t_0)$。由于故障保护动作会在故障发生极短时间内动作，为简化计算，可以认为故障电流在故障发生后极短时间内上升速度维持 $k_1=\mathrm{d}i_1/\mathrm{d}t\ (t=t_0)$ 不变，即

$$i_1 = I_1 + k_1 t \quad (3-79)$$

同理，也可以认为换流器 1、换流器 3 出口处电压在此时间段内变化很小，视其为恒定值，即 $u_{o1}(t_0)$、$u_{o3}(t_0)$，则电流 i_{13} 可由下式方便地求出

$$i_{13} = \dfrac{u_{o1}(t_0)-u_{o3}(t_0)}{R_{13}} + \left[I_{13} - \dfrac{u_{o1}(t_0)-u_{o3}(t_0)}{R_{13}}\right]\mathrm{e}^{-R_{13}t/L_{13}} \quad (3-80)$$

根据各电流之间的关系可以得到故障线路故障电流 i_{1f}

$$i_{1f} = i_1 - i_{13} \quad (3-81)$$

另一侧对于换流器 2、换流器 4 故障电压、电流可以采用同样的方法进行分析，此处不再赘述。

当 i_{1f}、i_{2f} 上升至其额定值的 2 倍时，直流断路器检测到故障电流并开始动作，数毫秒后完全断开，i_{1f}、i_{2f} 迅速降至零。而换流站换流器 1、换流器 2 未检测到故障电流仍正常运行。

（2）$L=L_2$。当平波电抗器 $L=L_2$ 时，故障发生后换流站换流器 1、换流器 2 相继检测到故障电流并闭锁，随后直流断路器断开。同样，以换流器 1、换流器 3 为例详述故障电流计算过程，另一边换流器 2、换流器 4 计算方法相同。

换流站换流器 1 闭锁前各线路故障电流如下

$$\begin{cases} i_1 = I_1 + k_1 t \\ i_{13} = u_{o1} - U_{o3}(t_0) + [I_{13} - u_{o1} + U_{o3}(t_0)]\mathrm{e}^{-R_{13}t/L_{13}} \\ i_{1f} = i_1 - i_{13} \end{cases} \quad (3-82)$$

设 t_1、t_2 时刻 i_1、i_{1f} 分别到达其额定值的 2 倍，t_1 时刻换流站换流器 1 立即闭锁，t_2 时刻直流断路器检测到故障电流并于 t_2+t_n（$t_1<t_2+t_n$）时刻成功断开（t_n 为直流断路器动作时间，单位为毫秒）。换流器 1 闭锁后，子模块电容不再放电，此时电路可等效为三相桥式不控整流电路，如图 3-35 所示。其中 L_0 为子模块电容放电回路的直流侧等效电抗，R_0 为放电回路的直流侧等效电阻。前面所得到的短路电流表达式不再适用，需重新计算。

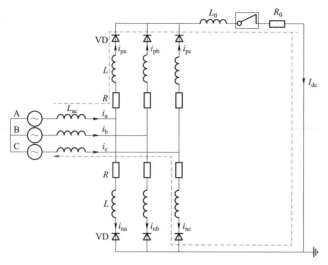

图 3-35 短路电流流经通路

设 i_{pa}、i_{nc} 的通式为

$$\begin{cases} i_{pa}(t) = A_0 + A_1 \sin(\omega t + \varphi_1) + A_2 \sin(2\omega t + \varphi_2) + \cdots \\ i_{nc}(t) = -A_0 + A_1 \sin\left(\omega t + \varphi_1 + \frac{4\pi}{3}\right) + A_2 \sin\left(2\omega t + \varphi_2 + \frac{4\pi}{3}\right) + \cdots \end{cases} \quad (3-83)$$

则 i_a、i_c 的通式可以写为

$$\begin{cases} i_a(t) = 2A_1 \sin(\omega t + \varphi_1) + 2A_2 \sin(2\omega t + \varphi_2) + \cdots \\ i_c(t) = 2A_1 \sin\left(\omega t + \varphi_1 + \frac{4\pi}{3}\right) + 2A_2 \sin\left(2\omega t + \varphi_2 + \frac{4\pi}{3}\right) + \cdots \end{cases} \quad (3-84)$$

稳态时，直流侧电流 i_{dc} 是六脉波，由于其波动幅度很小，故可视为定值。

对如图 3-35 所示的二极管整流电路某一时刻电流回路列写 KVL 方程，可得

$$u_{sa}(t) - u_{sc}(t) = L_{ac}\frac{d(i_a - i_c)}{dt} + L\frac{d(i_{pa} - i_{nc})}{dt} + R(i_{pa} - i_{nc}) + R_0 I_{dc} \quad (3-85)$$

将式（3-83）、式（3-84）代入式（3-85）中有

$$\begin{aligned} U_1 \sin(\omega t + \varphi) = &L_{ac}\left[2\sqrt{3}\omega A_1 \sin\left(\omega t + \varphi_1 + \frac{2\pi}{3}\right) + 4\sqrt{3}\omega A_2 \sin\left(2\omega t + \varphi_2 + \frac{2\pi}{3}\right) + \cdots\right] \\ &+ L\left[\sqrt{3}\omega A_1 \sin\left(\omega t + \varphi_1 + \frac{2\pi}{3}\right) + 2\sqrt{3}\omega A_2 \sin\left(2\omega t + \varphi_2 + \frac{2\pi}{3}\right) + \cdots\right] \\ &+ R\left[2A_0 - \sqrt{3}A_1 \cos\left(\omega t + \varphi_1 + \frac{2\pi}{3}\right) - \sqrt{3}A_2 \sin\left(2\omega t + \varphi_2 + \frac{2\pi}{3}\right) + \cdots\right] \\ &+ R_0 I_{dc} \end{aligned}$$

$$(3-86)$$

为简化计算，忽略桥臂电阻与负载电阻的影响。比较上式两边同次谐波的系数，可以得到

$$A_1 = \frac{U_l}{\sqrt{(2\sqrt{3}\omega L_{ac} + \sqrt{3}\omega L)^2 + 3R^2}} \tag{3-87}$$

$$A_2 = A_3 = \cdots = 0 \tag{3-88}$$

由此可以得到

$$\begin{cases} i_{pa}(t) = A_0 + A_1\sin(\omega t + \varphi_1) \\ i_{nc}(t) = -A_0 + A_1\sin\left(\omega t + \varphi_1 + \dfrac{4\pi}{3}\right) \end{cases} \tag{3-89}$$

根据二极管整流电路的性质可知 $i_{pa} \geq 0$，并且当 R_0 存在时，i_{pa} 在每一个周期中必然存在某个为零的时间段，由此可以推出

$$A_0 = A_1 \tag{3-90}$$

由此可以得到桥臂电流的表达式

$$i_{pa}(t) = A_1[1 + \sin(\omega t + \varphi_1)] \tag{3-91}$$

从而可以得到二极管整流电路直流侧电流的表达式

$$I_{dc} = 3A_1 \tag{3-92}$$

此时求出直流侧电流为换流器闭锁进入稳态后的稳定值。从换流站闭锁瞬间到进入稳态需要一定的过程，一般可以用一阶惯性过程来模拟，时间常数用 τ_{dc} 表示。关于时间常数 τ_{dc} 的解析表达式推导十分困难，且与平波电抗器的电感值关系密切，实际工程中一般取 10～200ms

$$i_{dc} = I_{dc} + (i_0 - I_{dc})e^{-\frac{t}{\tau_{dc}}} \tag{3-93}$$

其中，i_0 为闭锁瞬间换流站出口处电流值，即 2 倍稳态电流值。对于换流器 1，此处 $i_{dc} = i_1$。

相应地，将式（3-93）求得的 i_1 再次代入式（3-76）式（3-77），其中式（3-77）中 U_{o3} 为闭锁前一刻换流器 3 出口电压，近似为 $u_{o3}(t_0)$。从而可以得到换流器 1 闭锁瞬间的 $u_{o1}(t_1)$ 和 $u_{o3}(t_1)$。

将此时的 $u_{o1}(t_1)$ 和 $u_{o3}(t_1)$ 再次代入式（3-80）计算 i_{13}，再根据式（3-81）求出换流站闭锁后的故障线路电流 i_{1f}。计算 $t_2 + t_n$ 时刻 i_{1f} 值，若其小于直流断路器的最大可关断电流，则直流断路器成功断开，各故障电流迅速降至零。

（3）$L = L_1$。当平波电抗器 $L = L_1$ 时，故障电流计算步骤与前述相同，唯一区

别在于 t_2+t_n 时刻 i_{1f} 值大于直流断路器关断能力，断路器不能隔离故障，故障电流继续上升。

根据线性叠加定理，基于对称双极主接线方式的环网状 HVDC 系统直流侧发生极对极短路故障的情形，可看成是正负直流母线分别发生极对地短路故障的叠加，如图 3－36 所示。

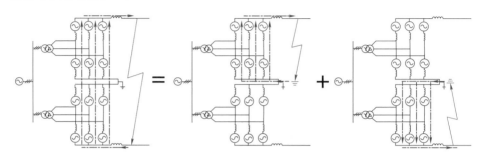

图 3－36　基于对称双极的直流电网直流侧极对极故障的等效电路

因此，对于直流电网中正负直流母线分别发生极对地短路故障后的电流应力，可以先计算每个换流器的端口故障特性，然后通过节点网络方程，将端口应力特性推演至网络中的每一点，最后通过叠加定理，将正负母线分别短路时的故障特性叠加起来，即可获得极对极故障下的电流应力特性。

3.3　换流器损耗分析与优化

柔性直流输电的损耗大于传统直流输电，这也是其应用于大容量功率传输的主要障碍之一。其损耗主要包括换流器损耗、阀电抗器损耗和连接变压器损耗，其中，以换流器的损耗计算最为重要。

损耗计算一方面能为 IGBT 器件选型、散热系统设计和经济效益评估提供理论依据，另一方面也能为后续拓扑结构优化和降损措施研究奠定基础。

3.3.1　换流器损耗的影响因素

换流器损耗产生的相关因素比较多，在实际工程中，一般考虑的影响换流器损耗的因素主要包括以下几个方面。

（1）器件类型。目前在 VSC-HVDC 输电工程中的换流器中一般采用 IGBT 作为开关器件（仅少量工程使用 GTO），而 IGBT 主要分为采用穿透型（PT）和非穿透型（NPT）器件。其中 PT 型器件其开关速度会随温度升高而降低，导致损耗增加。而 NPT 型器件芯片厚度比 PT 型器件小很多，因此热阻较小，热循环能力强，同等散热条件下器件结温较低，则导通压降也较小，而且其开关速度基本不随结温变化。

（2）换流器拓扑。由于拓扑的不同，换流器的开关动作次数有很大差别。如采用三电平拓扑的变换器，在要获得同样输出电流波形的情况下，其等效开关次数与同等容量的两电平变换器相比可降低一半，而且其每个器件上所承受的电压也相对较低。一般而言换流器的损耗与其开关次数和导通率基本上是呈正比的，所以对于拓扑的改进可能会降低换流器的总损耗。因此，根据工程的实际需要和技术手段来选用合适的拓扑类型，是降低换流站损耗的一个主要手段。

（3）调制方式和调制比。在换流器采用同样拓扑结构时，使用调制方式的不同，也会使得换流器的开关动作次数发生变化。而对于同样的调制方式，一般而言当调制比越大时则损耗越高。

（4）换流器器件驱动方式。由于 IGBT 是电压驱动器件，因此在不同的驱动电压下其导通和关断的时间、集－射极电压和集电极电流波形（斜率和过冲）等都有很大的区别，会对损耗的产生造成显著影响。

（5）换流器组件中的附属设备。附属设备包括均压电阻、散热器和连接导线等，其参数也对损耗有一定的影响。不过由于作用比较小，一般只需要在选用时尽量选择杂散参数较小、阻值较低的类型即可。

（6）负载类型。通常厂家在进行器件测试以获得其参数时，负载侧接的都是近似于纯感性的负载，这样在 IGBT 开通时，其电流上升率基本上取决于 IGBT 的开通速度。而在实际运行中，负载通常不是纯感性。如换流变压器的漏感会限制电流上升率。同样，在关断阻感性负载时，电流下降时间也受到限制。因此在进行损耗分析时需要根据实际器件特性具体分析。

（7）负载容量。负载容量决定了换流器中流过的电流的大小，而此电流是换流器产生损耗的重要因素，其大小直接关系着换流器的总损耗。因此在损耗计算中，必须要事先指定负载的容量值。

（8）直流侧电压。直流侧电压直接施加在换流器的两端，是决定换流器损耗的重要条件。在实际中，直流侧电压一般由电容器来维持，可能存在电压纹波，而电压纹波会对损耗的大小产生一定的影响。在近似计算中，一般都可以认为直流侧电压恒定。

（9）器件结温。器件结温会影响器件的性能。温度较高时，器件性能一般会降低，损耗增加，发热量增大，温度进一步升高，产生恶性循环，最终器件失效。

3.3.2　换流器损耗计算

对换流器损耗评估方法一般有三点要求，即① 计及控制调制策略，真实反映系统运行特性；② 有效提取 IGBT 器件参数，合理拟合其损耗曲线；③ 计算快速，结果准确。目前主要采用以下 2 种方法对换流器损耗进行计算。

（1）利用时域仿真软件计算所搭建模型的实时功率损耗。从理论上说，搭建的模型越精确，其仿真结果就越接近真实结果。该方法可以提供较为精确的计算结果，但是需要耗费大量的计算时间和计算机硬件资源。

（2）使用解析公式/经验公式对换流器损耗进行估计。该方法基于数学推导，得到子模块各器件平均电流/平均损耗的解析公式，在所有方法中最具效率优势，适用于损耗初步评估。

以下主要介绍利用公式来对损耗进行估计和计算。换流器运行状态下的换流器损耗主要包含静态损耗（包括通态损耗与截止损耗）、开关损耗和其他损耗 3 个部分。

换流器损耗分类如图 3－37 所示，各部分的具体计算方式如下。

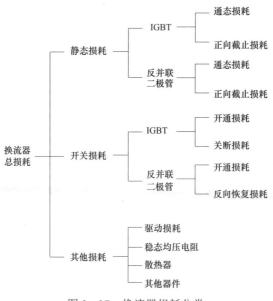

图 3－37　换流器损耗分类

（1）通态损耗和截止损耗。通态损耗和截止损耗包括 IGBT 和反并联二极管的通态损耗，以及它们的正向截止损耗。正向截止损耗在总损耗中所占比例很小，可以忽略不计。在精度不高的情况下，IGBT 和二极管可以用串联的通态电压偏置、通态电阻以及理想开关来代替。

因此，开关器件的通态损耗可以表示为

$$P_{\text{Tcon}}(i_{\text{CE}}) = i_{\text{CE}}V_{\text{CE0}} + i_{\text{CE}}^2 r_{\text{CE}} \tag{3-94}$$

$$P_{\text{Dcon}}(i_{\text{D}}) = i_{\text{D}}V_{\text{D0}} + i_{\text{D}}^2 r_{\text{D}} \tag{3-95}$$

式中：P_{Tcon}（i_{CE}）、P_{Dcon}（i_{D}）分别为 IGBT 和反并联二极管的通态损耗；V_{CE0}、V_{D0} 分别为 IGBT 和二极管的通态电压偏置；r_{CE}、r_{D} 分别为 IGBT 和二极管的通态电阻；i_{CE}、i_{D} 分别为 IGBT 和二极管导通期间流过器件的电流。

开关器件的通态电压偏置和通态电阻随着结温的变化而变化，可以采用线性插值模拟出其他结温下的通态特性参数

$$V_{\text{CE0\_T}_{\text{j}}} = \frac{(V_{\text{CE0\_125}} - V_{\text{CE0\_25}})(T_{\text{j}} - 25)}{125 - 25} + V_{\text{CE0\_25}} \tag{3-96}$$

$$r_{\text{CE\_T}_{\text{j}}} = \frac{(r_{\text{CE\_125}} - r_{\text{CE\_25}})(T_{\text{j}} - 25)}{125 - 25} + r_{\text{CE\_25}} \tag{3-97}$$

$$V_{\text{D0\_T}_{\text{j}}} = \frac{(r_{\text{D0\_125}} - r_{\text{D0\_25}})(T_{\text{j}} - 25)}{125 - 25} + r_{\text{D0\_25}} \tag{3-98}$$

$$r_{\text{D\_T}_{\text{j}}} = \frac{(r_{\text{D\_125}} - r_{\text{D\_25}})(T_{\text{j}} - 25)}{125 - 25} + r_{\text{D0\_25}} \tag{3-99}$$

式中：T_{j} 为结温；$V_{\text{CE0\_25}}$（$V_{\text{D0\_25}}$）和 $V_{\text{CE0\_125}}$（$V_{\text{D0\_125}}$）分别表示结温为 25℃ 和 125℃ 下的通态电压偏置；$r_{\text{CE\_25}}$（$r_{\text{D\_25}}$）和 $r_{\text{CE\_125}}$（$r_{\text{D\_125}}$）分别表示结温为 25℃ 和 125℃ 下的通态电阻，这些参数可以根据 IGBT 器件的参数表计算得到；$V_{\text{CE0\_Tj}}$（$V_{\text{D0\_Tj}}$）和 $r_{\text{CE0\_Tj}}$（$r_{\text{D\_Tj}}$）分别表示所得结温为 T_{j} 情况下的通态电压偏置和通态电阻。

（2）开关损耗。开关损耗包括 IGBT 的开关损耗和反并联二极管的开通损耗和反向恢复损耗。对于 IGBT，开关损耗包括开通损耗和关断损耗。对于反并联二极管，由于其开通损耗远小于其反向恢复损耗，因此其开关损耗只考虑其反向恢复损耗即可。以 IGBT 为例，实际计算经验表明，使用二次多项式拟合并提取开关特性参数已足够准确。

$$P_{\text{sw,T}} = f_{\text{s}}(a_{\text{T}} + b_{\text{T}}i_{\text{Tavg}} + c_{\text{T}}i_{\text{Trms}}^2) \tag{3-100}$$

$$P_{\text{rec,D}} = f_{\text{s}}(a_{\text{D}} + b_{\text{D}}i_{\text{Davg}} + c_{\text{D}}i_{\text{Drms}}^2) \tag{3-101}$$

式中：$P_{\text{sw, T}}$ 为 IGBT 的开关损耗；$P_{\text{rec, D}}$ 为二极管的反向恢复损耗；f_{s} 为开关频率；a_{T}、b_{T}、c_{T} 为 IGBT 开关损耗特性曲线拟合参数；a_{D}、b_{D}、c_{D} 为二极管反向

恢复特性曲线拟合参数。

实际情况下，开关损耗还与结温、截止频率甚至驱动电路有关。本书将这些因素归纳为一个修正系数 k。

$$E_{off}(i_{CE}) = (a_1 + b_1 i_{CE} + c_1 i_{CE}^2)k_1 \qquad (3-102)$$

$$E_{on}(i_{CE}) = (a_2 + b_2 i_{CE} + c_2 i_{CE}^2)k_2 \qquad (3-103)$$

$$E_{rec}(i_D) = (a_3 + b_3 i_D + c_3 i_D^2)k_3 \qquad (3-104)$$

$$P_{off} = \frac{1}{T}\sum_{t_0}^{t_0+T} E_{off}, P_{on} = \frac{1}{T}\sum_{t_0}^{t_0+T} E_{on}, P_{rec} = \frac{1}{T}\sum_{t_0}^{t_0+T} E_{rec} \qquad (3-105)$$

式中：a_i，b_i，c_i 为开关能量损耗的拟合系数；k_i（i=1，2，3）为开关能量损耗函数的修正系数；P_{on}、P_{off}、P_{rec} 为基波周期内的平均开关损耗。

简化起见，不考虑门极驱动电路的影响，同样使用线性插值方法，可以求得表征对应于其他截止电压以及其他结温情况下的修正系数 k。

$$k_1(T_j, V_{CE}) = \frac{1}{E_{off}(125)}\left\{\frac{[E_{off}(125) - E_{off}(25)](T_j - 25)}{125 - 25} + E_{off}(25)\right\}\frac{V_{CE}}{V_{CE\_ref}}$$
$$(3-106)$$

$$k_2(T_j, V_{CE}) = \frac{1}{E_{on}(125)}\left\{\frac{[E_{on}(125) - E_{on}(25)](T_j - 25)}{125 - 25} + E_{on}(25)\right\}\frac{V_{CE}}{V_{CE\_ref}}$$
$$(3-107)$$

$$k_3(T_j, V_{CE}) = \frac{1}{E_{rec}(125)}\left\{\frac{[E_{rec}(125) - E_{rec}(25)](T_j - 25)}{125 - 25} + E_{rec}'(25)\right\}\frac{V_{CE}}{V_{CE\_ref}}$$
$$(3-108)$$

式中：V_{CE_ref} 和 V_{CE} 分别表示参考表上的参考截止电压以及实际运行中的真实截止电压；$E(125)$ 和 $E(25)$ 分别表示参考表中直接给出的结温 125℃ 和 25℃ 下、截止电压为 V_{CE_ref} 且开关电流为某一参考值时元器件的开关能量损耗。

（3）其他损耗。其他损耗主要包括驱动损耗、稳态均压电阻、散热器等损耗。其中驱动损耗指的是 IGBT 驱动电路所消耗的功率，该部分在换流器损耗中所占的比例不大，可以忽略不计。

换流器损耗计算最终分解为各个开关器件即 IGBT 及其反并联二极管的损耗计算。稳态运行下 IGBT 器件和反并联二极管的功率损耗可以按照下式计算

$$P_{VT} = P_{Tcon} + P_{on} + P_{off} \qquad (3-109)$$

$$P_{VD} = P_{Dcon} + P_{rec} \qquad (3-110)$$

因此将换流器所有开关器件损耗进行叠加即可求得换流器损耗

$$P_{\text{tot}} = \sum P_{\text{VT}} + \sum P_{\text{VD}} \qquad (3-111)$$

式中：下标 VT 表示 IGBT 部分；下标 VD 表示反并联二极管部分。

在计算换流器损耗时，实际还会考虑一些因素的影响，比如开关器件的电流应力、电容电压纹波、以及开关频率计算方法对换流器损耗计算的影响，接下来将一一介绍。

换流器基本结构示意图如图 3-38 所示，每个桥臂含有 N 个子模块。

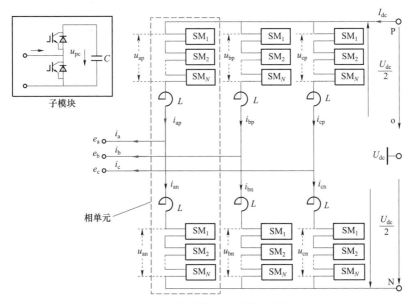

图 3-38 换流器基本结构示意图

假设换流器三相对称性运行，直流电流在三相桥臂均匀分布，交流电流在每相的上、下桥臂均匀分布，以 A 相为例，上、下桥臂的电流可以表示为

$$i_{\text{ap}} = \frac{1}{3}I_{\text{dc}} + \frac{1}{2}I_{\text{m}}\sin(\omega t + \varphi) \qquad (3-112)$$

$$i_{\text{an}} = \frac{1}{3}I_{\text{dc}} - \frac{1}{2}I_{\text{m}}\sin(\omega t + \varphi) \qquad (3-113)$$

式中：I_{m} 为 A 相电流峰值；ω 为基波角频率；φ 为换流器交流侧功率因数角。

将每相的上、下桥臂各视为一个整体，定义桥臂子模块投入占空比 $n_{i,j}$ 每个工频周期内桥臂子模块处于投入状态的时间与工频周期的比值。其中 $i=a, b, c$，$j=up, down$。则 A 相上、下桥臂电压可以表示为

$$u_{\text{ap}} = n_{\text{a,up}}U_{\text{dc}} \qquad (3-114)$$

$$u_{an} = n_{a,down}U_{dc} \qquad (3-115)$$

换流器的正常运行应保证直流侧电压始终为 U_{dc},据此可以求出 A 相上、下桥臂的投入占空比(电感压降忽略不计)

$$n_{a,up}U_{dc} + n_{a,down}U_{dc} = U_{dc} \qquad (3-116)$$

$$n_{a,down}U_{dc} - \frac{U_{dc}}{2} = U_m \sin\omega t \qquad (3-117)$$

解得

$$n_{a,up} = \frac{1}{2}(1 - m\sin\omega t) \qquad (3-118)$$

$$n_{a,down} = \frac{1}{2}(1 + m\sin\omega t) \qquad (3-119)$$

式中:U_m 为 A 相电压峰值;调制比 $m = \dfrac{U_m}{U_{dc}/2}$。

子模块投入时,桥臂电流流经 S_2 对子模块电容进行充放电;子模块切出时,桥臂电流流经 S_2(见图 3-39)。据此可以求出一个工频周期内,分别流过子模块 S_1、S_2 的等效电流,以 A 相上桥臂子模块为例

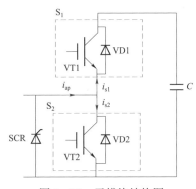

图 3-39 子模块结构图

$$i_{S1} = n_{a,up}i_{ap} = \frac{1}{2}(1 - m\sin\omega t)\left[\frac{1}{3}I_{dc} + \frac{1}{2}I_m\sin(\omega t + \varphi)\right] \qquad (3-120)$$

$$i_{S2} = n_{a,down}i_{an} = \frac{1}{2}(1 + m\sin\omega t)\left[\frac{1}{3}I_{dc} + \frac{1}{2}I_m\sin(\omega t + \varphi)\right] \qquad (3-121)$$

3.3.3 换流器损耗的优化

柔性直流输电的换流器装置是一个非线性、强耦合系统,而换流器的损耗分析与系统诸多因素有关,因此换流器损耗优化问题是一项既有意义也极具挑战性的工作。一般来讲,降低换流器的损耗通常从三个角度来分析,即换流器通态损耗、换流器开关损耗、调制策略。

(1)通态损耗。对于换流器来说,主要是开关器件的通态压降和开关过程中电压电流的波形重叠所造成的损耗,其中通态损耗又占了较大的部分。这是由于器件本身的特性,使得 IGBT 器件的通态压降要比晶闸管高不少,这样在通过同样电流的情况下,其通态损耗也要比使用晶闸管的换流器大上很多。对于这一点可以通过对器件本身特性的改进来降低,比如提高半导体材料技术、采

用新型的材料来制造器件等，这样就可以降低通态压降，从而减少通态损耗。

碳化硅或氮化镓等材料的电气特性都比现在使用的硅半导体性能要强上很多，使用其制造的半导体器件可以从整体上都得到提升。目前阻碍它们应用的主要因素就是原材料的价格问题，使用碳化硅来制造半导体器件，可以获得更小的体积、更高的效率、更低的开关损耗、更高的开关频率以及工作温度。

其他的通态损耗所产生的来源还有均压电阻、散热器阻抗、连接导线等，这一部分的损耗通常所占比例较小，一般只需要考虑在满足设备要求的情况下尽量采用具有较低电阻的元件即可。

（2）开关损耗。由于 MMC 换流器的开关频率相对较高（通常为 150Hz 左右），虽然其开关时间相对于晶闸管来说短得多，但是在一个周期中的总开关损耗还是要大于晶闸管换流器。不过相比于晶闸管来说，IGBT 有一个优点就是它的开通是可以由门极电压来控制的，这样可以采用一些门极控制的方法，比如提高门极驱动电压、减小门极电阻、使用多级门极驱动等方式来降低在开关过程中产生的损耗。

不同驱动电压下 IGBT 开通波形（不考虑电压过冲等）如图 3-40 所示。可以看出，当驱动电压增大时（在器件的参数要求之内），开通时的电压和电流变化率都会增加，这样电压和电流重叠的区域就会减小（两条实线或虚线交叉之下的部分），也就是说开通损耗将会降低。在器件关断时也可以得到同样的结果。

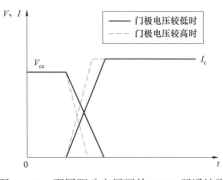

图 3-40　不同驱动电压下的 IGBT 开通波形

可见，改变器件的驱动参数可以有效降低开关过程中的损耗，不过这样也会带来一些不利之处，比如提高门极驱动电压和电压变换率可能会使得电压过冲提高，增加器件失效的可能性。而使用多级门极驱动技术会使得驱动电路变得复杂，不利于简化控制设计。

（3）调制策略。利用模块化多电平换流器空间矢量脉宽调制方法来降低换流器损耗的基本原理是基于换流器空间电压矢量的定义，研究适用于换流器的多电平空间矢量脉宽调制（SVPWM）通用算法；然后在多电平 SVPWM 和多电平载波 SPWM 调制内在联系讨论的基础上，提出适用于换流器的多电平 SVPWM 的优化方法。实质上是在三相电压中注入零序电压分量，重新布置电压矢量作用时间，以牺牲相电压畸变率为代价，减少开关次数，有效降低损耗。

3.4 换流器结构设计

本节介绍换流器结构设计，主要包括绝缘配合设计、材料选型、局部放电抑制设计、防水设计、防爆及防离子扩散设计、紧凑布局设计。换流器的每个相单元由最小结构单元——子模块串联组成，子模块的结构设计是基础也是关键。换流器子模块的关键元器件包括 IGBT 器件、均压电阻、保护晶闸管、旁路开关、储能电容、供电单元、晶闸管驱动电路、IGBT 驱动电路、散热器和水冷系统部件，设计的关键是要将各个元器件有效地整合在一起。而换流器模块的关键设备包括子模块、换流器模块支架、水路、光纤槽和连接母排。该设计既要考虑机械结构强度的要求，又要考虑过电压与绝缘配合，也要考虑换流器的电磁兼容问题，以及水冷系统的良好配合。

3.4.1 绝缘配合设计

绝缘配合方法包括爬电距离计算方法和空气净距计算方法。根据 GB/T 311.3 的规定，对于干净的户内环境，选用大约 14mm/kV 的最小爬电比距也不会发生任何闪络。任何情况下，相比于爬电路径，以干弧距离确定换流器模块内部绝缘更合适。14mm/kV 的爬电比距是针对交流而言，考虑到直流电压下，绝缘材料表面积污比交流严重，因此，直流电压下的爬电比距建议不低于 20mm/kV。如果在湿条件下，不管是交流还是直流电压应力，爬电比距建议不低于 25mm/kV。

材料选型空气净距应根据冲击电压来确定。确定与直流电压水平相应的空气间隙时，相对于雷电冲击来说，操作冲击是更重要的决定因素。对于一个标准间隙，正的雷电冲击击穿电压要比正的操作冲击击穿电压高 30%。换流器在进行空气净距计算时，首先应根据操作冲击来计算，然后再利用雷电冲击来进行校核。不管是利用操作冲击来确定空气净距，还是应用雷电冲击来确定空气净距，取二者中较大者。

在柔性直流换流器设计时，建议以 IGBT 元器件的电压耐受能力来进行绝缘配合设计。

3.4.2 材料选型

换流器在材料选型方面的基本原则如下。

（1）晶闸管压装结构选择金属材料，以必须保证晶闸管的压装力达到约56kN，同时必须保证正负母排之间螺栓杆上的爬电距离不小于 20mm，满足绝缘要求。

（2）子模块分支水管可以选用耐高温、寿命长的 PVDF 或 PEX 材料。

（3）SMC 屏蔽罩可选用铝或不锈钢材料，可以避免临近一次主电路产生涡流损耗。

（4）用于封闭 IGBT 的环氧结构件，起到电气绝缘作用的同时兼顾防火设计，其阻燃等级必须达到 UL94 – V0。

（5）子模块支撑结构是支撑整个子模块的主体结构件，必须根据子模块的型式确定。

（6）换流器模块主体支撑包含铝合金和玻璃钢，铝合金框架截面积大，可用作导流载体；玻璃钢机械强度高，变形量小，电气绝缘性能好。

3.4.3 局部放电抑制技术

在换流器设计中，局部放电及屏蔽设计主要从三个方面来考虑：① 子模块级局部放电及屏蔽；② 换流器模块的局部放电及屏蔽；③ 换流器塔的局部放电及屏蔽。

（1）子模块级局部放电及屏蔽。子模块是柔性直流换流器核心部分，也是换流器基本功能单元，集一次电气、结构及二次控制于一体，结构紧凑，电压及电流应力较大，因而子模块的局部放电及屏蔽设计要求均较高。因此，子模块设计中主要注意以下方面。

1）一次电气部分屏蔽及局部放电抑制。该部分又分为器件本身屏蔽及局部放电抑制、一次主回路屏蔽及局部放电抑制。针对器件本身，必须合理选择器件参数及运行参数，并选择可靠供应商以保证器件质量，根据不同厂商产品确定器件运行参数以防止器件运行中产生不可接受的局部放电。同时为保证一次器件运行可靠性，所有一次器件均需相对独立隔离，以减小对其他部分电磁冲击。而对于一次主回路，由于子模块空间局促，一次主回路设计较紧凑，所以所有载流体必须可靠固定、有效绝缘。为达到抑制局部放电的效果，载流体的绝缘必须选用可靠的绝缘材料，并按照绝缘配合要求合理选择绝缘材料强度、绝缘厚度、绝缘种类，以保证合理的绝缘距离。由于主回路中电流较大，端间电压较高，在子模块有限空间内，为减小对其他部分影响，须对主回路进行适当隔离。

2）子模块二次控制部分屏蔽及局部放电抑制。VSC 突出特色是子模块有限空间中一次和二次部分有机集成，由于二次部分均为相对弱电，板卡上器件种类和数量繁多，抗一次强电及开关高频干扰能力低，为保证二次部分可靠工作，须对二次所有板卡作空间隔离及屏蔽，尤其是 IGBT 控制板，空间上要求与 IGBT 放在一起，但本身抗开关频率影响及电磁干扰能力又较低，须在子模块中单独隔离。

3）子模块结构部分局部放电抑制。在子模块有限空间内，通过子模块结构部分集成了换流器一次器件、二次板卡、水冷及相关机械结构，各部分之间组成有机整体。由于子模块端间电压较高、电流较大，相关结构件从材料选择到绝缘配合设计，均按不同部位、不同区块做不同考虑，以防止相邻区块间产生局部放电，并对重点区域做屏蔽隔离。

总之，子模块屏蔽系统的设计应有效防止带电金属件由于电场集中而产生的电晕放电和对地放电，限制电晕放电，防止出现悬浮电位，改善换流器电压分布，从而大大降低换流器的无线电干扰能力。

（2）换流器模块的屏蔽及局部放电抑制。主要基于两个方面：① 换流器模块内部电场分布造成的模块内局部放电；② 换流器模块电场对外部空气及相邻模块产生的局部放电。

针对换流器模块内部局部放电抑制，主要从绝缘配合、材料选型、绝缘设计及加工件形式方面加以考虑，对模块内电场集中位置采取相应措施，以避免局部放电产生。

对换流器模块电场对外部空气及相邻模块产生局部放电的可能性，主要从换流器模块外部屏蔽罩的均压及屏蔽方面加以考虑，以保护换流器模块内部电场集中位置对外放电。

（3）换流器塔的局部放电抑制。换流器塔整体处于对地高电位，电压等级较高。为保证换流器塔对相邻换流器塔及地均不产生局部放电，首先从绝缘配合方面需合理选择外绝缘间隙，以避免两个电极因距离过近产生空气击穿；其次，为保证换流器塔不至于对地放电，在换流器塔外围需设计采取合理的屏蔽均压措施，以保证换流器塔内电极不会对空气放电；换流器塔对地放电的第三个方面主要是换流器支架部分，此部分结构较复杂，含水路、光纤槽、绝缘支撑部分及相应连接固定结构。此部分的设计需在绝缘配合的基础上，合理选材，并确定合适的绝缘裕度，以保证在换流器运行及试验过程中各种过电压下，均不会产生局部放电过大。

3.4.4 防水设计

在换流器防水设计中，从子模块、换流器模块到换流器塔，均需做相应防水设计，以保证换流器正常运行及漏水情况下不至于造成换流器损坏引起跳闸或主设备报废。

子模块是换流器的核心部分，器件、功能都比较集中，水冷散热器及水管与 IGBT、IGBT 控制板、中控板及取能电源紧靠在一起，漏水造成的损坏比较严重，因而必须特别注意防漏措施的设计，尽量做到防水板、导流板有效引流，防止水直接流到器件及板卡上。同时尽量对核心器件及关键部件与水隔离，即使偶发漏水情况，也不至于影响邻近器件。另外一条措施是邻近控制板卡严格做"三防"处理，并单独布置，以减小漏水对二次部分影响。

换流器模块防水设计主要从两个方面考虑，即抑制水泄漏发生和在有水泄漏的情况下，尽量减小对换流器影响。前者主要是从水冷设计及选材方面加以考虑，比如水冷连接处改用可靠性高的法兰连接，密封片采用螺纹锁紧、橡胶垫密封，通过以上措施，可最大程度预防水泄漏的发生。后者主要考虑在检修及偶发泄漏的情况下，有效防止泄漏水对换流器的影响，具体措施包括水管远离换流器本体及器件布置，需要的情况下水管处增加导流装置使泄漏水按预定方向导致远离换流器位置。

换流器塔防水设计中，主要也从以下两个方面考虑：① 从水冷设计方面，采用相对可靠的水管连接方式，以减少水泄漏的发生；② 采用水与换流器尽量分开布置，以减少泄漏情况下水对换流器运行的影响。

3.4.5 防爆及防离子扩散设计

换流器的防爆设计主要是针对 IGBT 器件在过电压、过电流工况下爆炸的可能性考虑的。因而换流器的防爆设计的重点关注对象是 IGBT 器件。

子模块中针对 IGBT 器件的防爆设计难点在于子模块空间狭小，IGBT 外联母排及控制线较多，不易于完全封闭。

在现有结构中，层叠母排结构由于母排尺寸较大，IGBT 背依散热器，因而在一定程度上可以抑制器件爆炸对其他部分产生的影响，但由于器件上面和侧面不能完全封闭，因而在爆炸产生时，不可避免地有爆炸碎片飞溅，从而对相邻部件造成潜在的损坏。

另外一种结构中，IGBT 面对面放置，背面有散热器，底部、侧面及顶部只要设计好相应隔离措施，可以有效起到防爆作用，效果比较明显。即使在器件爆炸情况下，可以完全抑制爆炸碎片飞溅对相邻器件的危害。

在此设计中，由于端间电压较高，IGBT 侧面的防爆零件需要考虑绝缘要求。此外，在材料选择时还要考虑防火阻燃要求及局部放电要求，避免引发新的问题。

3.4.6 紧凑型布局设计

柔性直流换流器结构设计正在向紧凑化、模块化和便于组装方向发展。换流器的结构设计要兼顾元器件之间的绝缘配合、结构件的机械强度和布局、关键器件的良好散热、元器件之间电气接线的可操作性和可靠性，同时考虑防火设计和电磁兼容要求。目前，国外该类产品大多采用水冷却、空气绝缘、支撑式结构。

国内自主研发柔性直流输电用换流器，充分调研了国外公司同类产品的结构设计特点，吸收其优点、摒弃其缺点，并充分考虑了国内相关器件和结构件的生产制造特点，进行创新性设计，从前瞻性角度和行业发展方向综合考虑，提出更先进的、更优化的和更能代表该类产品发展方向的结构型式。该设计从整体结构和功能上分为子模块设计、换流器模块设计、换流器塔结构设计。

（1）子模块设计。子模块在电气上包括以下器件：IGBT、散热器、电容、晶闸管、真空开关、取能电源和主控制电路板，以上器件在子模块内部的合理布局成为设计的关键。在进行子模块设计时，根据各部分器件的型式，设计一定的结构型式，将这些器件组合在一起，形成一个具有完整功能子模块。一个具有完成功能的子模块需要满足以下要求。

1）结构可靠：保证器件的长期可靠运行，在工程应用中不会出现器件松动、结构件破坏等问题。

2）电连接可靠：母排连接要可靠，不能因为母排搭接、固定松动造成电热破坏，进而影响子模块的可靠运行。

3）绝缘满足要求：子模块的带电结构件、器件之间的间距要满足绝缘的要求，在试验、运行，以及各种过电压下不会发生空气绝缘的击穿，绝缘结构件满足长期运行下的耐电痕化的要求。

4）冷却有效：冷却系统满足子模块的功能要求，避免漏水造成器件和绝缘的破坏。

5）生产方便：子模块的结构便于生产组装、搬运，并有利于工程现场的施工。子模块结构如图 3-41 所示。

图 3-41　子模块结构

子模块采用了钢制框架作为支撑的主体，将所有器件固定在钢制框架上。钢制框架在 IGBT 侧采用分层设计：IGBT、晶闸管、真空开关和载流母排位于框架上层，而取能电源和主控制电路板位于框架下层。这种设计使得子模块结构更紧凑，布置更简洁，电气连接更清晰，并可以将强、弱电之间电气接线进行分离，避免强电线路对弱电线路的电磁影响。

子模块的外侧设计了金属封装板，这些封装板将子模块进行外围的包裹，可以对内部的电气器件进行屏蔽，尤其对二次器件的屏蔽效果是非常好的。这些封装板可以进行着色，根据需要对子模块进行美化设计。

子模块的冷却系统设计采用串联结构，即两个 IGBT 散热器的水路采用串联设计。水路位于子模块上层空间，这样便于水管在工程现场施工时安装，并利于后期工程维护时更换水管。但这种设计需做好水管漏水的防水设计。

子模块内部使用了一部分绝缘件，这些绝缘件在材料选型时，选择无卤素、阻燃的环保材料。这些材料的机械性能、绝缘性能和耐热性能等综合指标都需满足使用要求。

子模块在框架上设计了用于子模块吊装的吊孔，用于安装子模块吊装工装，吊装工装作为独立的吊装单元，与子模块是分开的，只在生产、施工和维护时使用。

子模块设计的一些趋势如下。

1）采用模块化和紧凑型设计，是子模块设计的方向；

2）子模块外侧进行封装，并进行工艺美化设计，也是一种趋势；

3）子模块的吊装工装设计为独立部分，因为一体化设计会增加子模块的尺寸，并影响美观；

4）子模块设计时，二次控制部分和一次强电器件部分分开设计是合理的；

5）就单个子模块而言，由于电容的大平板电极效应，可以不用过多考虑单个子模块的均压均场设计。

（2）换流器模块结构设计。换流器模块的设计是以子模块串联为基础的，一个完整的换流器模块实际是一个具有完整电气功能的最小单元的换流器。换流器模块这个概念目前还没有一个明确的定位，从国外已经应用的工程看，基本没有提出换流器模块的概念，因此也没有换流器模块这种结构。但是换流器模块结构实际是换流器模块化设计理念的一个延伸，具有很强的灵活性和适应性。

换流器模块结构如图 3－42 所示。

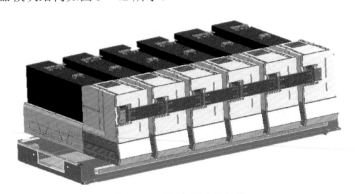

图 3－42　换流器模块结构

柔性直流换流器的换流器模块结构主要分为子模块和支撑框架两部分。一个换流器模块包含 6 级子模块。级数可以根据工程需要，进行缩减或者扩充。支撑框架主要由金属型材和绝缘槽梁构成，具有很好的机械强度，同时满足电气绝缘的要求。

换流器模块的这种结构便于生产、搬运和现场安装，同时也利于打包封装。换流器模块的支撑框架不仅具有支撑固定子模块的功能，也是换流器模块吊装转运的平台。在换流器模块上设计了吊装孔，接着简易的吊装工装即可搬运换流器模块。

通过对比国外换流器和我国自主研发换流器，换流器模块的设计具有以下特点：

1）换流器模块的设计型式有其优势，结构更简洁，型式更明了，便于生产、搬运和现场安装；

2）换流器模块在结构上具有更好的稳定性。

采用子模块级联型式，而不存在所谓换流器模块的结构也是合理的，是工程化发展的一个方向。

（3）换流器塔结构设计。换流器塔主要包括了换流器模块（或者子模块）、光纤、水冷系统、支撑绝缘子、导电母排和均压罩等，结构庞大，结构件繁杂，是一个系统的大型电力设备。换流器塔的结构设计必须充分考虑结构强度、电气绝缘、均压均场、冷却和二次控制等多方面的要求，并将这些系统进行有效整合。一个设计良好的换流器必须满足以下功能要求：

1）满足电气功能的要求，保证电气功能运行良好；

2）电气绝缘满足要求，不会出现绝缘材料长期老化、污秽或者漏水造成的绝缘材料烧蚀、击穿等，不会在过电压下发生空气绝缘的破坏；

3）均压设计合理，不会出现在运行电压和试验电压下的电晕放电，并有效改善过电压在换流器内部的分配；

4）水冷系统工作可靠，满足各种过负荷情况的要求，并且不会出现频繁漏水；

5）换流器的设计要满足机械强度的要求，在使用寿命内不会出现结构破坏，并能满足抗震的要求；

6）换流器具有很强的工程适用性，便于工程化应用；

7）换流器电气连接需可靠，绝缘材料和绝缘部件需有良好的阻燃性能。

换流器塔设计是以换流器模块为单元的平铺式结构，换流器塔分多层布置，每一平层布置四个换流器模块，每两个换流器模块对向布置。柔性直流换流器塔如图 3−43 所示。换流器塔内部的所有换流器模块通过母排串联连接在一起，从整体上看，母排成 Z 形螺旋布置。根据电气连接的要求，通过调整母排的螺旋方向，来调整电流的走向。

在换流器塔的外围布置了均压罩和均压环，用以满足换流器在高电压下运行的要求。均压罩和均压环的设计同时考虑美观要求，与换流器塔整体协调一致。

在换流器塔的内部布置光纤，以及用于固定光纤的光纤槽，考虑到电气绝缘的需要，换流器的光纤槽设计为 S 形。

换流器塔采用立式结构，通过支柱绝缘子将换流器塔固定连接在一起，支柱绝缘子在设计时，既要满足静态机械强度的要求，也要满足地震应力作用下的动态机械强度要求。绝缘子还需满足电气绝缘的要求。

为了合理利用换流器塔内部空间，冷却主水管位于换流器塔内部。为了满足电气绝缘要求，换流器的主水管采用 S 形结构。

图 3-43　柔性直流换流器塔

从目前设计来看，以换流器模块为单元的换流器塔结构更具有灵活性，且换流器厅布置更简单美观，但是电气接线复杂，换流器厅占地相应也增加。

换流器塔的设计特点主要归纳如下：

1）采用以子模块为基本单元的级联换流器塔结构设计和采用换流器模块为基本单元的平铺式换流器塔结构，在功能上没有太大的差异，各有优势；

2）以换流器模块为基本单元的平铺式换流器塔结构设计便于设计均压系统，结构相对美观；

3）以子模块级联的换流器塔设计的最大优点是电气接线简单。

3.5　换流器水冷系统设计

一般来说，柔性直流换流器水冷系统的内冷却系统使用的是 PVDF 管，管内的冷却介质为去离子水，对换流器每个子模块的 IGBT 进行降温冷却。在换流器带电运行时，每个子模块的 PVDF 管都会产生感应悬浮电位，若不正确处理，严重时由于两点之间的悬浮电位差导致 PVDF 管沿面发生闪络，破坏换流器的外绝缘，影响换流器的正常运行。因此，需要对每段的 PVDF 管悬浮电位进行钳制。

悬浮电位分布钳制技术主要是指对换流器内冷却系统的 PVDF 管不同段位埋设铂电极或不锈钢电极，电极与邻近的子模块等电位相连，从而实现

PVDF 管悬浮电位分布钳制。具体实施过程如下：① 建立换流器和内冷却系统的实际模型，基于有限元理论计算出 PVDF 管不同段位的电位分布；② 判断哪些段位之间的电位差发生或有可能发生沿面闪络；③ 在这些段位埋设铂电极或不锈钢电极。考虑到冷却水流过不同位置的电极，在不同位置电极之间的水路中产生微弱的漏电流，漏电流密度一般不超过 μA/cm²。然而，即使是如此低的电流密度，如果不采取保护措施，仍可能发生电极电解腐蚀。因此，电极需要进行防腐设计，可以满足换流器至少 40 年使用寿命的要求。

每个换流器模块有进水、出水两路主水管，通过两组 PVDF 管可靠地固定在子模块首端的主水管支架上，同时各个子模块的进、出分水管分别用活接与进、出水管连接，方便安装、检修及拆卸。

IGBT 散热器是换流器水冷却系统中不可缺少的一个组成部分，其作用是将 IGBT 散发的热量通过冷却液携带到系统中，经过二次热交换，将所吸收的热散发到空气中。柔性换流器主要发热部件包括 IGBT 器件和均压电阻。

以一个包含 6 个子模块的换流器模块为例，采用串并联流量均衡冷却技术对 6 个子模块 IGBT 进行水冷却，每个子模块中包含 2 个完全相同的 IGBT 散热器，子模块的冷却回路采用串并联方式冷却 2 个 IGBT 散热器和 1 个均压电阻（贴在散热器上），如图 3-44 所示。

换流器水冷却系统采用先进的设计方法和技术措施保证了串并联支路流量均衡，进而使得每个发热元件得到充分冷却，具体均衡措施包括以下 4 点。

（1）模块配水管采用对角进出水方式，提高了模块各支路水量分布的均匀性。

（2）通过仿真软件 PIPEFLOW 进行计算，实现各支路流量均衡。

（3）通过换流器模块整体流量压力试验和各支路超声波流量测试验证了配水流量设计的合理性。

（4）每个支路水管耐水压能力均不小于 1.6MPa。

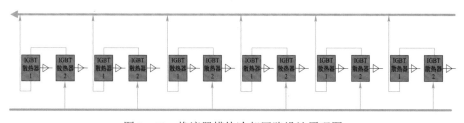

图 3-44　换流器模块冷却回路设计原理图

　　基于上述两种技术，设计换流器水冷系统如下：一定流速的冷却介质经过主循环泵的压力提升，流经电动三通换流器，进入室外换热设备，通过室外换热设备（采用空冷器和闭式塔串联方式）将柔性直流换流器产生的热量排放到空气中，冷却后的介质再进入柔性直流换流器冷却发热元件，带出热量回流到主循环泵进口，形成密闭式循环柔性直流换流器内冷系统，如图3-45所示。由外冷温控系统通过变频器控制冷却风扇的台数或转速从而控制冷却风量实现精密控制柔性直流换流器冷却系统的循环冷却水温度的目的。在柔性直流换流器冷却系统室内管路和室外管路之间设置电动三通换流器，当室外环境温度较低和柔性直流换流器体低负荷运行或零负荷时，由电动三通换流器实现冷却水温度的调节。柔性直流换流器内冷系统设定的电加热器对冷却水温度进行强制补偿，防止进入柔性直流换流器的温度过低而导致的凝露现象。

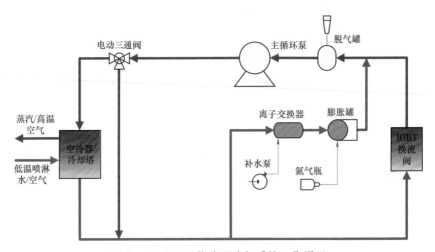

图3-45　IGBT换流器冷却系统工作原理

　　为适应大功率电力电子设备在高电压条件下的使用要求，减少在高电压环境下产生漏电流，冷却介质必须具备极低的电导率。因此在主循环冷却回路上并联了去离子水处理回路。预先设定流量的一部分冷却介质流经离子交换器，不断净化管路中可能析出的离子，然后通过膨胀罐，与主循环回路冷却介质在主循环泵进口汇流。与离子交换器连接的补液装置和与膨胀罐连接的氮气恒压系统保持系统管路中充满冷却介质，避免空气进入换流器冷系统，如图3-46所示。

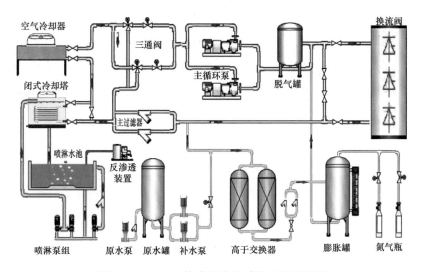

图 3-46　IGBT 换流器冷却系统工艺流程图

系统中各机电单元及传感器由换流器冷控制保护系统自动监控运行,并通过友好的人机界面操作面板实现人机即时交流。

柔性直流换流器冷却系统的运行参数和报警信息条即时传输至直流控制保护系统,并可通过直流控制保护系统远程操控柔性直流换流器冷却系统,实现柔性直流换流器冷却系统与直流控制保护系统的无缝衔接。

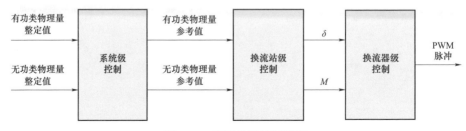

换流器控制保护系统

为保证直流输电系统安全稳定运行，控制保护装置必不可少。换流器的控制保护装置称为阀基控制器（valve base controller，VBC），用于实现柔性直流输电工程中换流器的控制保护功能，是联系上层控制系统与底层开关器件控制的中间枢纽，主要包括供电单元、电流控制器、桥臂控制器等部分，采取双冗余热备用架构。

4.1 控制保护系统装置架构

换流器控制保护装置主要针对大规模子模块的控制，一方面要实现光电触发与在线监测功能；另一方面，要实施包括调制技术、电压平衡算法策略、环流抑制算法策略以及换流器保护等多个功能。

直流输电控制原理可简要概括为：根据系统提出的运行要求，产生合适的PWM触发脉冲实现对换流器子模块进行投切的开关控制，进而获得期望的电压、潮流等运行指标。直流输电系统的控制分为 3 个层级，按其功能由上至下依次为系统级控制、换流站级控制和换流器级控制，如图 4-1 所示。

图 4-1 直流分层控制原理

（1）系统级控制。系统级控制为直流输电控制系统的最高控制层级，其接收电力调度中心的有功类物理量整定值和无功类物理量整定值，并得到有功和无功类物理量参考值将它们作为转换为换流站级控制的输入参考量。其中，有功类物理量包括有功功率、直流电压、频率和直流电流，无功类物理量包括无功功率和交流电压。因此，系统级控制包括有功功率类控制和无功功率类控制功能。在工程建设初期，需要根据不同应用场合，选取适当的有功类控制策略和无功类控制策略，且在工程正式投运后，也可根据实际需要可以由控制系统或运行人员根据需要进行改变调整。

（2）换流站级控制。直流输电换流站级控制接收上层系统级控制的有功类和无功类物理量参考值，并通过锁相环并生成换流器调制的参考波电压，包括得到 PWM 信号的调制比 M 和移相角 δ，然后提供给换流器器级控制的触发脉冲发生环节。根据换流器直流系统的运行原理由换流器直流系统基本调节方式，δ 的变化主要影响有功功率，M 的变化主要影响无功功率，且 δ 越小这种关系越明显。因此，可以通过改变移相角 δ 来控制有功功率，通过改变调制比 M 来控制无功功率。可见，换流站级控制是换流器直流输电系统控制中的核心部分。

（3）换流器级控制。相对相比于常规直流输电技术的阀基电子设备（valve base electronics，VBE）技术，换流器柔性直流输电技术的换流器级控制不仅要实现光电触发与在线监测功能，还要实现大规模子模块协调控制有关的一些功能，主要技术更加强调对子模块的控制，包括子模块电容电压平衡控制、环流抑制以及综合评价保护等相关策略与决策。VBC 在控制系统中所处的位置和功能如图 4-2 所示，图中给出了换流器级控制功能及其与上下层的接口。

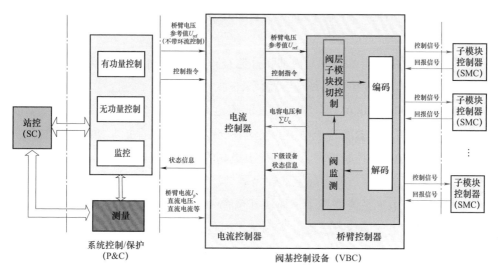

图 4-2 VBC 在控制系统中所处的位置和功能

常规直流输电系统中，传统 VBE 实现的功能是将每个桥臂的触发脉冲同步地分配到换流器的每个开关元件，并接收各个开关元件驱动电路的回报信号，监测换流器的运行状态。而基于模块化多电平换流器技术的柔性直流输电系统中，换流器需要数百乃至数千只子模块串联，VBC 承担着所有子模块的实时独立投切控制及保护。

VBC 的具体功能包括：

（1）调制：需要将上层 PCP 发来的桥臂电压参考值根据子模块额定电压转化为投入的子模块数目，或者是电平台阶数目，并使实际输出电压实时跟随参考电压。

（2）电流平衡控制：加入电流平衡控制算法，通过对桥臂电压进行修正从而抑制上下桥臂、相间的环流。

（3）电压平衡控制：根据投入电平数目，确定上下桥臂各自投入的模块，对子模块状态进行分类汇总，对可进行投入或切出的子模块电容电压大小进行排序，根据实际电流方向，对不同的子模块进行投切控制，确保子模块电容电压维持在一个合理的范围。

（4）换流器保护功能：包括子模块保护和全局保护动作，根据子模块回报的状态信息，进行故障判断，并根据故障等级进行相应的处理，不发生误动作；根据桥臂光 TA 的桥臂电流信息，实现桥臂的过电流保护动作。

（5）换流器监视功能：对换流器的状态进行监视，如果有故障或者异常状态出现，以事件的形式上报后台进行处理。

（6）通信功能：与上层 PCP 实现 HDLC 通信，与 SMC 实现异步串行通信；GPS 通信接口，光 TA 接口等。

（7）自监视功能：各单元内部相互监视，完成系统内部故障检测，发现故障，则根据故障程度切换系统或者跳闸。

对于 ±500kV/3000MW 的柔性直流输电系统，其单站换流器子模块数近 2000 个，VBC 承担着所有子模块的实时独立投切控制及保护。如此大量的串联子模块数对 VBC 的控制能力及性能提出更高的要求，其控制规模之庞大、实时性要求之高，在国内乃至国际上都较为罕见，可供参考的技术资料十分有限。

模块化多电平换流器每个子模块都包含一个分布式布置的储能电容器，使各子模块电容电压的均衡分配非常困难，而各相之间由于能量分配不均衡而导致的换流器内部环流，也会致使电流波形发生畸变。因此，电压平衡算法和环流抑制算法是整个系统能够稳定运行的前提。此外，系统的安全综合评价体系和保护策略，也是系统可靠运行的保障；而所有这些大规模数据信息的采集、处理，以及复杂算法、策略决策的实现，都需要在几十微秒的周期内完成，因此，科学合理地设计换流器系统的 VBC，是直接决定换流器系统控制长期稳定可靠运行成败与否的关键所在。

高压大容量柔性直流输电 VBC 的设计要求如下：

（1）数十微秒级的单位周期算法实现能力；

（2）数十微秒级的单位周期决策形成和执行能力；

（3）数万路通道的信息采集及数据吞吐能力；

（4）10 微秒级的通道延时和百兆以上的数据传输速率；

（5）电磁兼容标准等级电磁干扰下百万分之一以内的传输误码率；

（6）系统容错能力和鲁棒性要求；

（7）系统内部传输的稳定性和可靠性要求；

（8）资源信息共享，冗余备份要求；

（9）系统可扩展性，灵活应对多种应用场合的要求。

为保障与数百子模块之间的大量信息的稳定可靠交互传递，VBC 采用高速控制保护硬件框架设计。按照功能，VBC 可划分为人机接口、电流控制单元、桥臂控制单元（包括桥臂汇总控制单元和桥臂分段控制单元）、换流器监视单元、电流电压采集单元、开关量输入输出单元和电流变化率采集单元。VBC 的硬件架构如图 4-3 所示。

4.1.1　分层分布式采集处理架构

VBC 从控制上分为电流控制设备层和桥臂设备层。大容量柔性直流输电系统中子模块数量较大，VBC 采用分层分布式设计，由电流控制单元、桥臂控制单元、换流器监视（VM）单元组成。

每个桥臂的 VBC 需要多个机箱与换流器连接。根据实际应用需要，也可将桥臂控制分为桥臂汇总和桥臂分段 2 层，其中桥臂汇总负责整个桥臂的控制（为实现简约化设计，该控制层可以内嵌在电流桥臂控制机箱内），桥臂分段负责和换流器连接。

VBC 的主要技术包括如下。

（1）基于总能量平衡的多层面能量平衡环流控制技术。通过基于换流器、各相单元以及同一相单元上下桥臂间电容总能量平衡的控制，保证各个桥臂之间所有电容能量在预期的范围之内，从而抑制环流，保证系统的安全稳定运行。

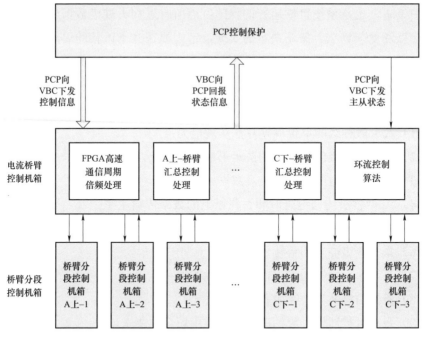

图 4-3 VBC 的硬件架构

（2）分层多目标智能电压平衡控制算法。将换流器各个子模块进行分段分级控制，通过桥臂分段电容电压平衡控制和桥臂总体电容电压平衡控制相结合的分层多目标智能电压平衡控制算法，将子模块电容电压控制在合理的范围之内，从而实现换流器高平衡度、低纹波运行。

（3）超大规模子模块独立监视及保护技术。高压大容量柔性直流换流器单站共约 2000 个子模块，控制节点多，子模块数据量大，VBC 研究新的分层架构设计下的 VBC，在百微秒内甚至更短的时间内完成所有子模块的独立投切控制与在线监视与保护，确保换流器可靠运行。

在换流器方式的大容量柔性直流输电系统中，换流器构成的级数很大，以张北柔性直流工程为例，桥臂换流器设计的级数为 288 个子模块级联，VBC 设备需要实现对数量庞大的子模块设备的控制和监视。

每个桥臂的子模块数量较大，VBC 需要多个机箱和换流器连接。根据换流器控制机理研究成果，换流器控制分为电流控制和桥臂控制，桥臂控制分为桥臂汇总和桥臂分段两层，其中桥臂汇总负责整个桥臂的控制，桥臂分段负责和换流器连接。

4.1.2 双冗余热备用设计机制

柔性直流输电系统的换流器控制器负责执行从控制保护下发的调制命令，并下发给换流器，是换流器的控制和保护的主要设备，对换流器的安全运行起着非常重要的作用。下面以三层结构的换流器级控制系统冗余工作机制为例，详细说明其冗余工作机制。

（1）第一层为桥臂电流控制单元，负责控制换流器的桥臂电流，其上级和极控制保护（PCP）连接，下级和桥臂汇总控制单元连接，采用双冗余设计方案，桥臂电流控制单元分为桥臂电流控制单元—A 系统和 B 系统。其中，桥臂电流控制单元—A 系统、B 系统上级都和分布与 PCP—A 系统、B 系统连接，桥臂电流控制单元 A 系统、B 系统下级都和分别与桥臂汇总控制单元 A 系统、B 系统连接，构成一个完全双冗余系统，桥臂电流控制单元 A 系统和 B 系统之间通过光纤通信连接。

（2）第二层为桥臂汇总控制单元，负责控制换流器的换流器桥臂控制，其上级和桥臂电流控制单元连接，下级和桥臂分段控制单元连接，采用双冗余设计方案，桥臂汇总控制单元分为桥臂汇总控制单元 A 系统和 B 系统。其中，桥臂汇总控制单元 A 系统、B 系统上级都和分别与桥臂电流控制单元 A 系统、B 系统连接，桥臂电流控制单元 A 系统、B 系统下级都和分别与桥臂分段控制单元 A 系统、B 系统连接，构成一个完全双冗余系统，桥臂汇总控制单元 A 系统和 B 系统之间通过光纤通信连接。

双冗余主备用机制为：

1）正常状态下，A 系统和 B 系统运行状态正常，则 A 系统和 B 系统保持各自的状态。其中先启动的系统为主系统，后启动的系统为备用系统。桥臂电流控制单元启动后检查本系统的运行状态是否正常，保存本系统状态，并检查对方系统的状态。如果对方系统正常，并且已经处于主系统，本系统正常，则本系统处于备用状态，如果对方系统异常，或者对方系统无应答，则本系统为主系统。如果本系统异常，无法为主系统，则设置本系统异常。

2）正常运行期间，如果主系统发生异常，对方系统正常，对方系统则会检查到本系统异常，本系统主动切换为从系统，对方系统则转换为主系统。

3）正常运行期间，如果主系统发生异常，对方系统也异常，则表示桥臂电流控制单元出现异常，需要请求跳闸。

4）如果 A 系统和 B 系统同时为主，两个系统之间通过通信光纤进行信息交换，先请求将对方切换从系统的系统转换为主系统，对方系统切换为从系统。

如果 A 系统和 B 系统之间通信不正常，则出现双主系统。

（3）第三层为桥臂分段控制单元，负责和换流器连接，其上级和桥臂汇总控制单元连接，下级和换流器的桥臂连接，该控制单元除接口板上光脉冲触发电路部分外，其他硬件均采用双冗余设计方案，桥臂分段控制单元核心板分为 A 系统和 B 系统，其中桥臂分段控制单元核心板—A 系统、B 系统上级都和分别与桥臂汇总单元 A 系统、B 系统连接，桥臂分段控制单元核心板—A 系统、B 系统下级通过接口板都和换流器桥臂连接，构成一个完全双冗余系统，桥臂分段控制单元—A 系统和 B 系统之间通过光纤通信连接。

双冗余主备用机制为：

1）正常状态下，A 系统和 B 系统运行状态正常，则 A 系统和 B 系统保持各自的状态。其中先启动的系统为主系统，后启动的系统为备用系统。桥臂电流控制单元启动后根据极控制保护（PCP）下发主从状态信号检查本系统的运行状态是否正常，保存本系统状态，并检查对方系统的状态。如果对方系统正常，并且已经处于主系统，本系统正常，则本系统处于备用状态，如果对方系统异常，或者对方系统无应答，则本系统为主系统。如果本系统异常，无法为主系统，则设置本系统异常。

2）正常运行期间，如果主系统发生异常，对方系统正常，对方系统则会检查到本系统异常，本系统主动切换为从系统，对方系统则转换为主系统。

3）正常运行期间，如果主系统发生异常，对方系统也异常，则表示桥臂电流控制单元出现异常，需要请求跳闸。

4）如果 A 系统和 B 系统同时为主，两个系统之间通过通信光纤进行信息交换，先请求将对方切换从系统的系统转换为主系统，对方系统切换为从系统。如果 A 系统和 B 系统之间通信不正常，则出现双主系统。桥臂分段控制单元最终只有一个出口，双主中原先为主系统信号将发送给换流器。

换流器控制器的双冗余机制如图 4-4 所示。

4.1.3 控制周期与通信周期的独立设计

VBC 内部的通信模块一般采用 20μs 的通信周期进行通信信息处理，桥臂分段每一个通信周期更新一次通信数据；控制周期采用与 PCP 通信产生的同步信号执行。

VBC 的功能机箱的通信处理模块通过采用具备并行处理能力的高速 FPGA 处理，FPGA 具有并行处理的优点，在一个控制周期内就可以将保护模块和控制模块处理出来的结果输出到换流器执行。换流器控制器通信设计如图 4-5 所示。

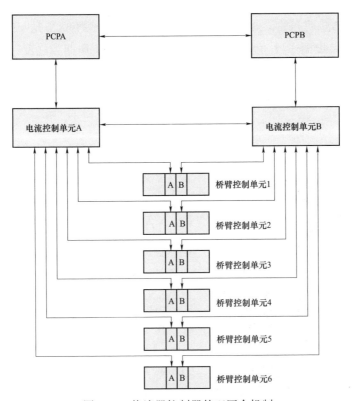

图 4-4 换流器控制器的双冗余机制

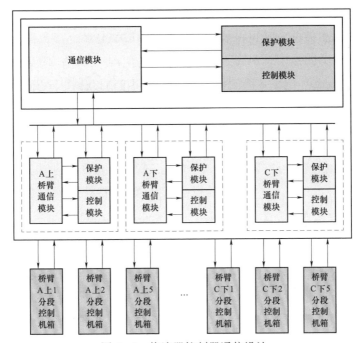

图 4-5 换流器控制器通信设计

采用控制周期和通信周期的独立设计带来的主要优点优势是 VBC 的控制周期与 PCP 保持步调一致，能够而 VBC 本身的内部通信周期独立设计，提高 VBC 本身的处理速度，减小通信周期，可以保持将换流器各类信息快速地发送至换流器和 PCP，并快速动作。

4.1.4 总体架构设计

分层控制结构结合双冗余热备用机制，以±500kV/3000MW VBC 双极柔性

直流输电系统为例，总体架构设计如下：单站 VBC 由电流控制单元（4 个标准 19 英寸 6U 结构机箱）、桥臂汇总控制单元（与电流控制单元使用同一个硬件机箱）、桥臂分段控制单元（12 个标准 19 英寸 6U 结构机箱）以及换流器监控 VM 单元和工控机人机操作平台等组成。

整套单站 VBC 功能单元共由 20 面电力机柜组成，屏柜尺寸为 800mm（长）×600mm（宽）×2260mm（高），如图 4-6 所示。

图 4-6　VBC 屏柜

4.2　换流器阀基控制装置硬件配置

本节针对阀基控制装置的硬件、软件配置和接口设计 3 个方面进行介绍。

4.2.1 硬件设计

（1）功能单元硬件设计。换流器桥臂电流控制单元为完全独立的双冗余系统，分别定义为桥臂电流控制单元 A、桥臂电流控制单元 B。桥臂电流控制单元 A、桥臂电流控制单元 B 对上分别与极控设备 PCP_A、极控设备 PCP_B，对下分别与桥臂汇总控制单元 A、桥臂汇总控制单元 B 共同构成完全独立的双冗余系统。

桥臂电流控制单元原理框图如图 4-7 所示，桥臂电流控制单元正常运行时，控制保护系统 A 和系统触发与监控机箱的信号汇总板 A 组成 1 套独立的系统为主系统。控制保护系统 B 和系统触发与监控机箱的信号汇总板 B 组成 1 套独立的系统为从系统。当主系统出现故障时，向极控制保护上送请求切换至从系统，极将该请求通过电缆发送至切换模块，控制保护系统将原来的从系统切换成主

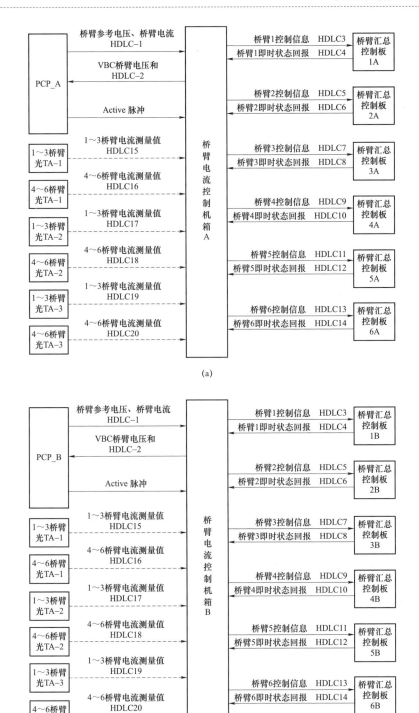

图 4-7　桥臂电流控制单元原理框图

（a）桥臂电流控制机箱 A；（b）桥臂电流控制机箱 B

系统、将原来的主系统切换成从系统。

桥臂电流控制单元控制周期一般为 50μs（以下提到的控制周期，不做特别说明的均为 50μs）。所有的接收、发送、计算控制功能均在一个周期内完成，同时该控制周期将作为 VBC 及 SM 子模块的整体控制周期基准。

VBC 及 SM 子模块构成的系统整体，至少保证在主系统模式下，为上下级召唤机制，以保证系统在运行过程中的整体时序偏移范围可控、可计算。桥臂电流控制机箱结构图如图 4－8 所示。

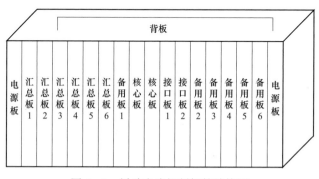

图 4－8　桥臂电流控制机箱结构图

桥臂电流控制单元由 VBC 普通核心板（核心板 1）、汇总板（1～6）、普通 VBC 接口板（接口板 1、2）和电源板组成，完成桥臂电流控制单元的各项功能需求。

桥臂汇总控制单元为完全独立的双冗余系统，分别定义成桥臂汇总控制单元 A、桥臂汇总控制单元 B。桥臂汇总控制单元 A、桥臂汇总控制单元 B 对上分别与极桥臂电流控制单元 A、桥臂电流控制单元 B，对下分别与桥臂分段控制单元 A、桥臂分段控制单元 B 共同构成完全独立的双冗余系统。

换流器单桥臂通过分层方式对子模块的状态进行控制，以达到高速 VBC 控制的需求。桥臂汇总单元通过光缆向 6 个桥臂分段单元控制箱发送参考电压和控制命令。

桥臂汇总控制单元单站共需要 6 套（三相上下 6 个桥臂共 6 套），分 A、B 冗余系统，如图 4－9 所示。

桥臂分段控制单元的按照功能划分可分为触发控制功能、保护功能、通信功能、自检功能等。桥臂分段控制单元（除去接口板的光脉冲触发电路）为完全独立的双冗余电路，确保系统长期可靠运行。桥臂分段控制单元主要由双核心板、接口板、背板以及双电源板组成。

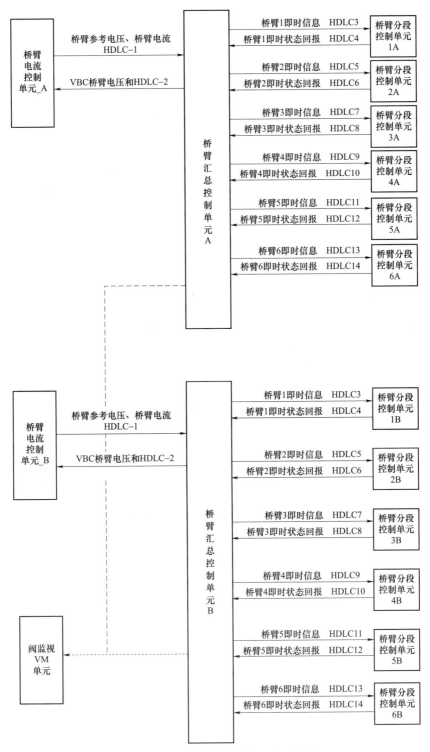

图 4-9 桥臂汇总控制单元原理框图

桥臂分段控制单元原理框图如图4-10所示，运行时，控制保护系统A、环

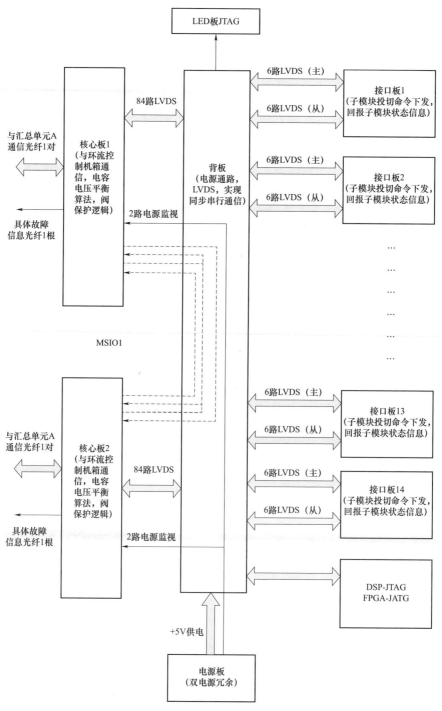

图4-10 桥臂分段控制单元原理框图

流控制单元 A、桥臂汇总控制单元原理 A、桥臂分段控制单元 A 组成 1 套独立的系统为主或从系统。控制保护系统 B、环流控制单元 B、桥臂汇总控制单元原理 B、桥臂分段控制单元 B 组成 1 套独立的系统为从或主系统。当主系统出现故障时，请求切换至更为完好的从系统，将该请求通过光纤发送至切换模块，控制保护系统将原来的从系统切换成主系统、将原来的主系统切换成从系统。1 个桥臂分段控制单元机箱可容纳 2 块核心板、2 块电源板和 14 块接口板，如图 4-11 所示。

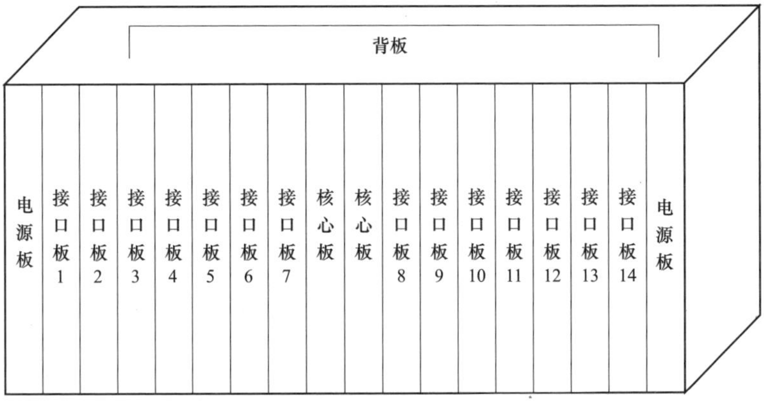

图 4-11 桥臂分段控制单元的机箱内板卡示意图

如图 4-10 所示，核心板采用双冗余设计，分别通过一对光纤与汇总单元 AB 连接实现收发通信，每个核心板通过多路 LVDS 信号实现与 14 个接口板的通信，接口板将核心板的信息转换成触发命令完成对 SM 的控制，并将 SM 的信息上传给核心板。电源板采用双冗余设计并被核心板监视状态，能够在一块电源板卡损坏的情况下，完成单电源板卡供电。

下级 VM 单元机柜结构如图 4-12 所示。下级 VM 单元机柜分为 A、B 两面屏，分别处理 VBC-AB 系统的状态信息；机柜内前三个的 VM 机箱分别处理 ABC 三相桥臂分段的状态信息，而 4 号机箱负责处理、桥臂汇总控制单元及电流控制单元的状态信息，并且将生成的事件转发给上级 VM 单元后台 PC。

机柜内前三个机箱均由普通 VBC 板卡构成，第四个机箱将有一块新的用于缓存和转发事件的新的板卡。

（2）VBC 机箱机柜设计。每种机箱的均采用欧式 6U、19 英寸机箱，以桥臂分段机箱为例，如图 4-11 所示，每个板卡的宽度均是 20.4mm。桥臂汇总机箱与电流机箱也是采用这种机箱，只是使用其中一部分板卡位置。

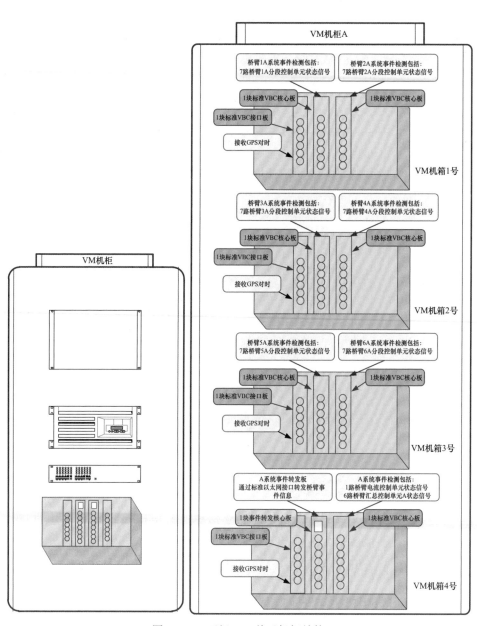

图 4-12　下级 VM 单元机柜结构

每个机柜安放两个 6U 机箱，如图 4-13 所示。

VBC 采用 AC220V/DC110V/DC220V 供电。机箱外采用单独供电单元由 DC110V/DC220V 转为 DC24V。目前站用电规格不一，有 AC 220V、DC 110V、DC 220V 三种，为了使 VBC 适用于各种情况，柜内统一DC24V，对外的电源接口根据需要来调整。由于张北工程采用的是 DC110V 供电，所以采用 DC110V 转 24V 的电源。本设备采用进口全机架安装 AC220V/DC110V/DC220V/DC110V 转 DC24V 电源，双冗余配置。

机箱内将 DC24V 转为 DC5V。电源板分布在每个机箱的两端，DC24V 引到各个机箱电源接口，由电源板上的电源模块产生控制用的 5V 电源，在板内进行 5V 电源冗余设计，

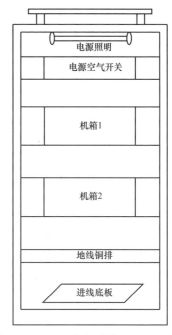

图 4-13 VBC 机柜的内部设计示意图

并对 5V 电源进行监视，以保证一路电源故障时，另一路电源能够可靠工作。电源分配及开关见表 4-1。

表 4-1　　　　　　　　　　电 源 分 配 及 开 关

主进 1 DC110V/DC220V 进线开关	24V 电源								电源 分配器
KM1	1K1	1K2	1K3	1K4	2K1	2K2	2K3	2K4	KM2
AC220V 进线开关	机箱 1 电源板 1 开关	机箱 2 电源板 1 开关	机箱 3 电源板 1 开关	机箱 4 电源板 1 开关	机箱 1 电源板 2 开关	机箱 2 电源板 2 开关	机箱 3 电源板 2 开关	机箱 4 电源板 2 开关	风扇 开关

（3）换流器控制器件选型及兼容性。为了确保系统长期可靠运行，VBC 各控制单元器件至少为工业级，在供货周期和货源可靠的情况下尽量采用汽车级或军品级。

当工程中电压等级不同或者电压等级相同使用环境差别大（如高海拔）时，每个单元的下级设备数量不同，桥臂分段控制单元硬件（包括板卡数量、板卡类型）均可保持不变；只需要修改软件就可以满足不同下级设备的需求。

4.2.2 软件设计

（1）自检功能。VBC 能够对自身的工作状态进行检查。VBC 对各自机箱内部的通信（即主控板和接口板）、供电以及对 ACTIVE 信号进行判断，此判断在 VBC 核心板程序的非中断期间反复执行，VBC 自检项目见表 4-2。

表 4-2   VBC 自 检 项 目

序号	自检项目	序号	自检项目
1	DSP、FPGA 工作正常	4	接口板工作正常
2	通信正常	5	冗余电源工作正常
3	ACTIVE 信号正常		

（2）调制与电压平衡控制功能。VBC 具备调制和电压平衡控制的能力，调制就是将参考电压转变成投入电平数的过程，通过式（4-1）实现

$$n = \frac{u_{ref}}{u_N m} \tag{4-1}$$

式中：n 代表需要投入电平数；u_{ref} 代表环流算法后得到的参考电压；u_N 子模块的额定电压；m 是调制度，$m \in (0,1)$。

VBC 的调制策略是，首先桥臂电流控制单元接收极控 PCP 下发的六个半桥臂电压参考值后，然后通过桥臂电压和桥臂电流计算环流抑制值，将环流抑制值加入电压参考值之中，再将六组电压参考值转化为相应的六组总体电平台阶参考数，将投入台阶数下发给六组桥臂汇总控制单元。

电压平衡控制是根据投入电平数目，确定上下桥臂各自投入的模块；并分类汇总采集回的子模块状态，判断可进行投入或切出的子模块电容电压大小；再根据实际电流方向，投切控制不同状态的子模块，确保额定运行下子模块间的电压不平衡低于设计值。VBC 的电压平衡控制策略包括桥臂汇总控制单元的段间电压平衡策略和桥臂分段控制单元的段内电压平衡策略。

（3）电流平衡控制功能。桥臂电流平衡控制的目的是消除在系统运行过程中桥臂间的环流振荡。

电流平衡控制闭环输入量为桥臂子模块电容电压和与桥臂电流的实时值，经过电压、电流分层运算，得到的最终的输出结果为各个桥臂的实时参考电压的附加调整值。

VBC 通过对桥臂电流、桥臂参考电压进行浮点运算得到压差设定值 ΔU_{ref}；

通过对桥臂电流、桥臂参考电压进行浮点运算得到相单元电压设定值 ΔU_{cref}；通过浮点 *PI* 函数运算得到桥臂参考电压修正值。

桥臂电流控制单元每周期内通过上行通信首先完成接收桥臂汇总控制单元的整个半桥臂的子模块电容电压实时测量值。通过光 TA 接收桥臂电流的实时测量值。环流运算需要对历史数据按照滑动窗的方式取均值，因此需要开辟一定量的存储区域。环流运算结果与由极控 PCP 下发的桥臂实时参考电压相加得到最终的桥臂实时参考电压。然后程序对最终的桥臂实时参考电压进行调制，转化成各个桥臂需要实时投切的子模块数，下发给各个桥臂汇总控制单元。

桥臂环流运算流程如图 4-14 所示。

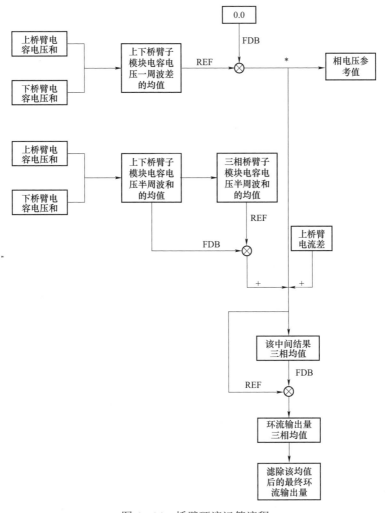

图 4-14 桥臂环流运算流程

（4）换流器监视功能。VBC 通过 VM 实现换流器监视功能，VM 主要功能包括：

1）监测换流器状态，包括桥臂电流、子模块状态信息和电压信息；

2）监测 VBC 的状态；

3）监测换流器及 VBC 的通信状态；

4）接收 GPS 时间对时，并对所有状态变位信息生成 SOE 事件；

5）故障录波功能，可提供子模块电压、桥臂电流、桥臂电压；

6）提供显示信息的人机界面，包括子模块状态图形化显示界面；

7）子模块电容容值计算分析。

如果有故障或者异常状态出现，VBC 能够将具体故障信息上报至后台进行处理。换流器监视内容见表 4-3。

表 4-3　　　　　　　　　　换 流 器 监 视 内 容

序号	内容	序号	内容
1	SM 光故障	8	VBC 判 SM 回报超时
2	SM 误码率超标	9	VBC 判 SM 过压
3	SM 过压	10	VBC 电源故障
4	SM 取能故障	11	VBC 接口板通信失败
5	SM 报晶闸管故障	12	HDLC 通信故障（接收超时和频繁校验错）
6	IGBT 驱动故障	13	ACTIVE 鉴频结果
7	SM 拒合故障	14	晶闸管故障

（5）冗余切换功能。VBC 能够根据上层 PCP 指令的进行平滑冗余切换。

对 VBC 来说，冗余切换有两种情况：① 极控系统 PCP 直接下发切换信号；② VBC 自身故障产生请求切换信号，发送给极控系统 PCP，PCP 根据双系统状态下发切换信号。

第 2 种情况中，VBC 自身故障发生至 PCP 确定主从切换这一过程定义为响应过程；之后 PCP 下发切换信号这一过程与第一种情况完全一致，这一过程定义为切换过程。

桥臂电流控制单元负责检测极控系统的主从切换信号，并将此信号同步下发给桥臂汇总控制单元，再由桥臂汇总控制单元下发给桥臂分段控制单元，桥臂分段控制单元主、从两套核心板接收到桥臂汇总控制单元的控制命令后，将每个子模块的投切命令下发接口板，通过接口板进行主从命令选择，最终将投切命令发送给换流器。

具体需要进行冗余切换的故障见表4-4。

表4-4 冗 余 切 换

序号	具体故障原因	序号	具体故障原因
1	PCP 下发的串行数据超时	4	桥臂机箱的回报信息频繁校验错
2	PCP 下发的串行数据频繁校验错	5	光 TA 长期不回报
3	桥臂机箱长期不回报	6	光 TA 的回报信息频繁校验错

在正常工作状况下 VBC 向 PCP 上报的 VBC_CHANGE 信号位为零。该路 VBC 上报 VBC_CHANGE 信号位置 1，表示该路 VBC 申请切换主从，且此时该路存在故障。主（运行）VBC 上报 VBC_CHANGE 信号位置"1"，表示该路 VBC 申请切换主从，且此时该路 VBC 检测到故障。从（备用）VBC 上报 VBC_CHANGE 信号位置"1"，表示该路此时该路 VBC 检测到故障，且申请此时不适合被切换为主（运行）VBC。

冗余切换逻辑表见表4-5。

表4-5 冗 余 切 换 逻 辑 表

PCP 检测到主(运行)VBC 通信	主（运行）VBC 上报 VBC_CHANGE	PCP 检测到从(备用)VBC 通信	从（备用）VBC 上报 VBC_CHANGE	PCP 动作
正常	"0"	正常	"0"	允许切换
正常	"1"	正常	"0"	允许切换
正常	"0"	正常	"1"	不允许切换
正常	"1"	正常	"1"	不允许切换
不正常	"X"	正常	"0"	允许切换
不正常	"X"	正常	"1"	不允许切换
正常	"0"	不正常	"X"	不允许切换
正常	"1"	不正常	"X"	不允许切换

4.2.3 接口设计

（1）桥臂电流控制单元接口设计。VBC 与极控设备 PCP 的数据通信由一对光纤通信完成。PCP 通过脉冲信号向 VBC 下发系统值班信号。

有的工程 VBC 额外配置 2 套脉冲信号光纤向 PCP 上送阀控可用信号与换流阀请求跳闸信号。VBC 与 PCP 接口一览表见表 4-6。

表 4-6　　　　　　　　VBC 与 PCP 接口一览表

序号	接口内容	接口形式	信号方向
1	控制信号，换流器故障检测允许交流充电信号、换流器直流充电信号、闭解锁信号和晶闸管动作信号等	HDLC（IEC60044-8）	PCP→桥臂电流控制单元
2	系统值班运行信号	脉冲（光纤）	PCP→桥臂电流控制单元
3	紧急请求跳闸信号和切换请求信号阀组就绪信号、VBC 及其以下设备自检正常阀控可用信号，桥臂电容电压和∑U_c	HDLC（IEC60044-8）	桥臂电流控制单元→PCP
4	阀控可用信号	脉冲（光纤）	桥臂电流控制单元→PCP
5	请求跳闸信号	脉冲（光纤）	桥臂电流控制单元→PCP

与桥臂汇总电流控制单元的通信由 6 对光纤通信实现。桥臂控制信息分为桥臂 1、2、3、4、5、6 等六路不同的控制信息。这种配置方式，可以使 6 个桥臂机箱不需要区分桥臂编号。桥臂控制信息包括桥臂参考电压调制信号、桥臂电流方向和晶闸管动作信号、充电信号和闭解锁信号、主从信号等。

桥臂即时回报信息包括桥臂电压和紧急请求跳闸信号、切换请求信号阀控可用信号、该桥臂子模块最大和最小电压值、该桥臂的旁路数。桥臂电流控制单元与桥臂汇总控制单元接口一览表见表 4-7。

表 4-7　　　　桥臂电流控制单元与桥臂汇总控制单元接口一览表

序号	接口内容	接口形式	信号方向
1	调制信号，换流器故障检测允许信号，闭解锁信号和晶闸管动作信号，主从信号等	HDLC（IEC60044-8）	桥臂电流控制单元→桥臂汇总控制单元
2	紧急请求跳闸信号和切换请求信号、阀组就绪信号、VBC 及其以下设备自检正常阀控可用信号，桥臂电容电压和∑U_c 等	HDLC（IEC60044-8）	桥臂汇总控制单元→桥臂电流控制单元

与换流器监视 VM 单元的通信由 1 对光纤通信实现，可用选配高速光纤或低速 HDLC 通信格式。桥臂电流控制单元与换流器监视 VM 单元接口一览表见表 4-8。

表 4-8　　　桥臂电流控制单元与换流器监视 VM 单元接口一览表

接口内容	接口形式	信号方向
各路通信接口状态信息、电源监测信息、桥臂过流信息、冗余切换信息、PCP 通信内容等	HDLC（IEC60044-8）高速光纤通信或 HDLC	桥臂电流控制单元→换流器监视 VM 单元

（2）桥臂汇总控制单元接口设计。桥臂汇总控制单元的接口都是 VBC 内部接口，与上级桥臂电流控制单元和下级桥臂分段控制单元的接口设计及内容分别参见 4.2.1 和 4.2.3 内容所述，不再重复说明。

桥臂汇总控制单元与换流器监视 VM 单元的接口由 1 对 10M-HDLC 光纤通信完成，可用选配高速光纤或低速 HDLC 通信格式，桥臂汇总控制单元与换流器监视 VM 单元接口一览表见表 4-9。

表 4-9　　　桥臂汇总控制单元与换流器监视 VM 单元接口一览表

接口内容	接口形式	信号方向
各路通信接口状态信息、电源监测信息、桥臂子模块电压信息、故障情况、子模块旁路情况等	高速光纤通信或 HDLC（IEC60044-8）	桥臂汇总控制单元→换流器监视 VM 单元

（3）桥臂分段控制单元接口设计。SMC 逻辑电路需要与桥臂分段控制单元进行数据交换，接收 VBC 下发的子模块动作命令，并将子模块自身的故障信息和工作状态上传。

SMC 逻辑电路与桥臂分段控制单元之间采用多模光纤作为通信介质。通过一收一发两条光纤线路构成全双工信息交换通道。

SMC 逻辑电路与桥臂分段控制单元之间采用反曼彻斯特编码形式进行通信。

子模块控制单元与桥臂分段控制单元接口一览表见表 4-10。

表 4-10　　　子模块控制单元与桥臂分段控制单元接口一览表

序号	接口内容	接口形式	信号方向
1	子模块状态信息，子模块故障信息，子模块电压，SMC 程序版本号等	HDLC（IEC60044-8）异步串行光纤通信	子模块 SMC→桥臂分段控制单元
2	子模块投切信息，闭锁信息，晶闸管命令信息，旁路信息命令等	异步串行光纤通信 HDLC（IEC60044-8）	桥臂分段控制单元→子模块 SMC

桥臂分段控制单元与桥臂汇总控制单元的接口由 1 对 10M–HDLC 光纤通信完成，8 个桥臂分段控制单元则由 8 对光纤与 1 个桥臂汇总控制单元进行连接通信，完成桥臂信息的汇总（见表 4–11）。

表 4–11　　　桥臂汇总控制单元与桥臂分段控制单元接口一览表

序号	接口内容	接口形式	信号方向
1	该分段调制信号，换流器故障检测允许信号，闭解锁信号命令和晶闸管动作信号，主从信号等	HDLC（IEC60044–8）	桥臂汇总控制单元→桥臂分段控制单元
2	紧急请求跳闸信号和切换请求信号阀组就绪信号、该分段桥臂分段控制单元及其以下设备自检正常阀控可用信号，该分段电容电压和$\sum U_c$，该分段最大最小子模块电容电压值及序号，某两个子模块电容电压值等	HDLC（IEC60044–8）	桥臂分段控制单元→桥臂汇总控制单元

4.3　换流器保护功能装置

4.3.1　保护功能

VBC 对换流器子模块及桥臂进行最直接、最实时的控制。VBC 掌握各子模块电压、桥臂电压、桥臂电流等第一手信息，通过保护功能协调配合，实现智能安全评价体系对整个系统的在线综合评价。这样能够保证在系统临界故障状态下，可以提前预警站控系统，达到保护整个换流器系统及子模块的目的。

在高压大容量应用中，除了超大规模的采集处理信息、复杂的运行策略，VBC 还要在微秒级控制周期内还要对故障状况进行实时的在线检测和保护策略实现。基于分布式处理的在线监测和换流器保护策略成为设计的首选，不仅实现对子模块及桥臂的最近最快保护，还不占用系统策略算法的处理时间，而与策略算法同步并行处理。

VBC 的保护功能包括子模块保护和全局保护。子模块保护功能根据子模块回报的状态信息，判断并确定故障等级，而后进行相应的处理，确保不发生误动作。而 VBC 全局保护功能则根据桥臂光 TA 的桥臂电流信息，实现桥臂的过电流保护。

（1）子模块保护。VBC 具备换流器保护功能，能够根据子模块回报的状态信息进行故障判断，并根据故障等级进行相应的处理，不发生误动作。子模块保护功能见表 4–12。

表 4-12　　　　　　　　　　　　子模块保护功能一览表

序号	故障类型	处理方式
1	SM 无回报	旁路此 SM
2	SM 频繁校验错	旁路此 SM
3	VBC 认为 SM 过压	旁路此 SM
4	SM 暴光故障	旁路此 SM
5	SM 报误码率超标	旁路此 SM
6	SM 取能故障	旁路此 SM
7	IGBT 驱动故障	闭锁此 SM
8	SM 报晶闸管故障	旁路此 SM

（2）全局保护。VBC 全局保护功能见表 4-13。

表 4-13　　　　　　　　　　　　VBC 全局保护功能一览表

序号	故障类型	处理方式
1	SM 发生拒动	申请跳闸
2	桥臂分段机箱双电源故障	
3	Active 无光	
4	旁路 SM 数目过多	
5	单电源故障	报单电源故障，VBC 运行依然正常
6	需要闭锁的系统级故障	执行全局闭锁，无其他报警出现
7	直流侧双极短路	申请跳闸，执行触发晶闸管
8	桥臂过流保护	当桥臂电流超过阈值时，闭锁子模块

（3）分布式过电流保护技术。VBC 的过电流保护是换流器安全工作的重要保障措施。

根据换流站发生系统故障时，故障电流上升率约为 di/dt，故障电流由保护动作值 I 开始上升，直到保护闭锁换流器保护性闭锁（按闭锁延时 T_delay 计算）。在此期间内，故障电流上升值约为 $di/dt×T\_delay$。这就要求在任何故障情况下 IGBT 的最大关断电流都必须可限制在 I_max 以内，确保 IGBT 器件运行的安全可靠运行。

VBC 过电流闭锁保护出口时间（见图 4-15）包括故障判断时间和闭锁出口时间两个部分，其中 VBC 对过电流进行检测，其检测的算法为滑动窗口均值检测，而 VBC 闭锁输出时间，主要包括连判延时时间。

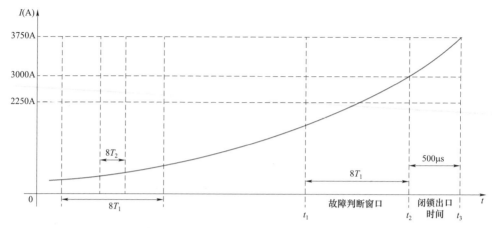

图 4-15　VBC 过电流闭锁保护出口时间

当处理器检测到当前的电流均值为 I_{active} 时，最大电流为 t_2 时刻，按照电流变化率为固定值的情况下，闭锁信号发出，在一定时间后整个系统闭锁。

VBC 过电流保护的动作时间中检测周期为 20μs，4 个周期的检测时间为 80μs，包括通信确认延时和通信传输延时，通信周期为 20μs，通信传输延时为 25μs。因此，VBC 分布式过电流保护的动作延时为 125μs。

VBC 采用的过电流保护启动条件包括以下 3 类，如图 4-16 所示。

1）电流桥臂控制机箱通过桥臂电流检测；

2）电流桥臂控制机箱通过统计整个桥臂的过电流子模块数进行判断；

3）桥臂分段控制机箱通过统计桥臂分段内的过电流子模块数进行判断。

通过各个桥臂的分布式判断可以提供多层过流故障的准确识别，防止过电流误动和拒动，并且提高过流保护的可靠性响应速度。

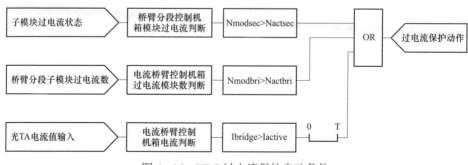

图 4-16　VBC 过电流保护启动条件

4.3.2 控制与保护协调配合技术

柔性直流换流器的控制保护功能主要由系统控制保护设备、VBC 和子模块内部控制器三部分来协调完成。三者的控制保护功能既要有清晰的功能定义和范围，又要彼此之间相互协调配合，完成实现对整体换流器的有效控制和可靠保护。换流器控制与保护的协调配合包括换流器控制功能的协调配合技术、换流器保护功能的协调配合技术以及换流器控制器内部控制与保护功能的协调配合。

1. 控制功能协调配合技术

柔性直流换流器控制是基于谐波优化的宽范围运行区间调制技术。根据换流器子模块的实时回报状态实时计算出每周期投切的子模块数量及序号，输出系统期望参考电压，实现从十几个电平到几百个电平宽范围电压连续调节，从而优化控制换流器输出的交流电压与直流电压的比例，减少输出交流电压的谐波含量，提高换流器的响应速度。

系统控制保护设备、VBC 和子模块内部控制器相互配合完成换流器的投切控制。系统控制保护设备根据系统控制需要，依据改进型多电平基频开关调制策略得到各桥臂的输出电压参考值；VBC 控制器根据桥臂电压参考值根据以 IGBT 为核心的子模块电容电压转化为桥臂子模块投入数量命令，再转发给桥臂内各子模块；子模块内部控制器执行换流器投切命令。

调制技术对于多电平自换相换流器的控制来说至关重要。由于新型多电平 VSC 所固有的模块化特点，其可以直接获得较高的输出电平，而无需使用 PWM（会带来相对较高的开关损耗和滤波要求）与功率半导体器件 IGBT 的串联（会带来器件的均压问题）。本书提出一种基于幂和理论的改进型多电平基频开关调制策略，用来控制新型模块化多电平 VSC 中子模块的 IGBT，其目的是使各相上、下桥臂的电压和均等于直流电压 U_{dc}，同时，使各相交流输出端相对于直流侧假想中性点的电压满足系统要求（通过上、下桥臂电压的比率来调节实现）。采用间接电流控制策略时，以定直流电压的 VSC 向交流系统输送有功功率为例，如果系统扰动引起其直流侧电压升高，负的偏差信号作用于比例积分调节器将使得移相角度的绝对值增大。因此，VSC 向交流系统输送的有功功率增加，直流电容放电，电压恢复到设定值。采用直接电流控制策略时，如果系统扰动引起直流侧电压升高，则电压外环控制器输出的 i_d^* 和 i_q^* 将发生相应变化，引起电流内环控制器输出的 u_{cd}^*、u_{cq}^* 也跟着做出相应变化。故而调制比 M 与移相角 δ 随之变化，相角差增大，VSC 向交流系统输送的有功功率增加，直流电容放电，电压恢复到设定值。

2. 保护功能协调配合技术

模块化多电平换流器换流器作为柔性直流输电的核心、关键设备，保证其安全可靠稳定的运行，不仅是系统对装置的要求，更是装置保护自身的要求。保护的方法目的是为了最大程度保证模块化多电平换流器换流器的正常运行。

VBC 与系统控制保护设备相互协调配合，完成对换流器的调制、控制和保护功能。以±500kV/3000MW 模块化多电平换流器为例，它由 6 个桥臂组成，每个桥臂由 28864 个功率子模块组成，桥臂的控制分成 32 个分段，每个分段可控制 11232 个子模块。整个换流站通过一个电流控制机箱接收控制保护下发的调制参考电压，经过运算计算出 6 个桥臂的每个桥臂的电压输出值，每个桥臂由桥臂汇总单元负责控制整个桥臂的电容电压平衡，桥臂汇总单元完成桥臂控制计算后，将桥臂控制结果发送给桥臂中的 32 个桥臂分段控制机箱，桥臂分段控制机箱最后负责完成换流器的通信，控制保护主机完成本桥臂的子模块的故障检测以及保护，6 个桥臂的控制保护主机上层由一个系统控制保护主机完成个桥臂故障汇总以及整体换流器保护。两种控制保护主机根据故障的程度各自有三类故障判断类型。为了保证一次设备不因为二次设备的故障而停运或失控，提出了两套控制保护系统同时热备用的保护方案，即由两套桥臂控制保护主机和系统控制保护主机分别构成 A 和 B 两套控制保护系统。两系统一主一从，不相互影响，相互独立地完成本系统的故障判断。

通过采用双冗余保护系统提高了二次保护系统的可靠性，通过系统控制保护主机与多桥臂控制保护主机的分层保护构架明晰了保护分工，利用桥臂控制保护主机对模块返回故障信息控制程度得出判断类型来完成换流器桥臂保护，通过上层系统控制保护主机进行汇总和整体保护，最终使整个模块化多电平换流器的安全性与可靠性得到提升。

采用独立的桥臂控制保护主机完成对本桥臂换流器保护，采用上层控制保护主机完成故障综合和部分保护。换流站的每个桥臂各自有一个控制保护主机完成本桥臂的保护，每个控制保护主机根据故障类型做出判断，判断结果分为以下 4 类：第一类是闭锁子模块；第二类是旁路子模块；第三类是跳闸请求；第四类是系统切换请求。

前两类故障只需要对故障子模块执行，不涉及换流站全局动作，此两类保护方法是对子模块的电压、子模块回报状态、通信线路进行监视并提供保护；后两类涉及到换流站全局动作。对于暂时性故障的子模块采取闭锁子模块的保护方法。对于已确定模块故障无法使用或无法准确知道其状态的子模块，采取旁路子模块的保护方法；对于旁路子模块数目超过设定冗余数或者子模块旁路开关拒动等情况采取发跳闸请求的保护方法。一旦跳闸请求被相应，各桥臂所有可控的子模块将处于闭锁状态，即两 IGBT 均处于关断状态。对于当前系统 VBC 设备系统出现的故障情况，采取发出系统切换请求的方法。

系统控制保护主机与各个桥臂控制保护主机进行通信，以便获知各个桥臂的故障情况，对于换流器的全局故障予以处理。此外，系统控制保护主机通过检测桥臂电流传感器的电流反馈值完成桥臂的过流保护。系统控制保护器将故障判断结果分为普通跳闸请求、伴随晶闸管触发的跳闸请求、系统切换请求三类。

系统控制保护主机对于桥臂控制保护主机的普通跳闸请求予以上传。此外如发现桥臂过流会发送跳闸请求的同时下发子模块晶闸管触发命令，以便保证闭锁情况下二极管不被损坏。对于当前系统设备出现故障情况，采取发出系统切换请求的方法，以便将系统切换到无故障的系统工作。

本书提出的换流器保护功能协调配合方法将换流器的保护范围分工明确，责任清晰，设计简单可靠。基于桥臂控制保护主机和系统控制主机的保护方案能够在较大程度上保证模块化多电平换流器的可靠运行，将少量个体故障对整个换流器运行造成的不利影响降到最低。

3. VBC 控制与保护功能的协调配合

VBC 具备调制功能的控制功能（如调制、电流平衡控制、电容电压平衡、通信管理）和换流器保护功能相互协调配合才能、电流平衡控制功能、电容电压平衡控制功能、换流器保护功能、通信管理功能，这些功能相互协调配合完成对换流器的控制和保护。VBC 控制保护算法流程如图 4－17 所示。

VBC 首先检测与系统控制保护设备之间的通信状态，与换流器子模块之间的通信状态以及 VBC 内部的通信状态，检测是否有通信故障。随后根据通信状态信息和子模块的上传的状态信息执行换流器保护策略，对因故障旁路的子模块进行标记，以便在电压平衡算法中采取相应措施。

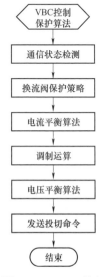

图 4－17 VBC 控制保护算法流程

131

在执行完成换流器保护策略之后，换流器控制器执行电流平衡算法，经过环流抑制算法产生桥臂附加电流平衡电压。该电压叠加到系统控制保护装置下发的桥臂电压参考值中，用于电平调制。电平调制算法根据子模块电容电压值和经电流平衡算法处理后的桥臂参考电压计算出桥臂投入子模块数。随后，由桥臂投入子模块数和桥臂内所有子模块的故障状态分配投入的子模块。最后，将桥臂内子模块的投切命令下发到换流器子模块。

4.4 在线监测

4.4.1 功率器件失效机理

随着我国高压直流大容量示范工程的推进，以及新能源和智能电网的快速发展，大容量电力电子器件的需求日益迫切，其中以高压大容量换流器的核心部件 IGBT 尤为突出。在架空线—断路器柔性直流电网中，线路容易发生短路和闪络等故障，而短路电流快速关断过程中同时也伴随着暂态高浪涌电流，这些均对换流器中大功率开关器件 IGBT 的可靠性、稳定性与寿命造成严重影响。

导致功率器件失效的原因有多种，包括外部运行环境因素如过电压、过电流、过湿、化学老化等；内部的疲劳损伤积累，如由功率波动引起的热机械应力导致的器件机械变形或是封装失效；也有器件的制造工艺及材料本身的缺陷等方面的原因。据统计，在实际工作中，由温度诱发失效的比例大约占 50%，其次是电失效。

在实际工作中，IGBT 器件内相邻芯片的连接处、焊料层和键合引线及键合处受到功率循环产生的热机械应力的反复冲击，导致焊料层疲劳而出现裂纹、裂纹生长甚至出现分层、空洞和键合引线的脱落、断裂，这是 IGBT 在功率循环中失效的主要原因。

铝键根部断裂现象可以在经过长时间功率循环测试的 IGBT 器件中观察到。导致该失效的主要原因是超声波焊接时，其过程没有经过优化处理。例如在焊接过程中，由于超声波振动而在铝键合引线根部产生裂缝阁。与铝键合引线脱落相比，发生铝键根部断裂的过程更慢，以目前的半导体技术，该失效形式比较少见。

功率模块内的焊料层发生结构变形被称为焊料层疲劳。同样是由于直接敷铜陶瓷基板与硅芯片及直接敷铜陶瓷基板与底板之间热膨胀系数的差异，当功率模块内的温度发生变化时，焊料层间会产生剪切应力，最终导致焊料层发生结构变形而失效。焊料层发生疲劳后，它们之间的电流分布变得不均匀从而影响温度分布，材料热阻增大而影响传热性能，形成温度正反馈加速焊料层的疲劳。

4.4.2 功率器件结温监测方法

由于功率器件的失效很大程度上与温度尤其是芯片结温有关，要对功率器件进行状态监测，其芯片结温是非常重要的一个监测量。然而大容量电力电子器件的芯片封装在模块内部，不易测量。因此，现有的器件结温检测方法主要可归纳为物理接触式测量法、光学非接触测量法、热阻抗模型预测法与热敏感电参数提取法等。

4.4.2.1 物理接触式测量法

物理接触式测量法把热敏电阻、热电偶等测温元件置于待测器件内部，从而获取其内部温度信息。

热敏电阻需要外部电源激励，且瞬态响应慢，因此利用热敏电阻对电力电子器件进行芯片温度检测需要对待测器件的封装结构进行改造。热电偶的测温原理是基于热电效应（见图 4-18），将两种不同的导体或半导体通过导线连接成闭合回路，当两者的接触点存在温度差时，整个回路将产生热电势，即热电效应或塞贝克效应。

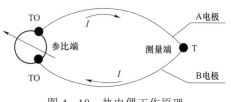

图 4-18 热电偶工作原理

在测量时，将 4 只热电偶分别埋置在待测开关管芯片与二极管芯片的底部、模块基板内部和散热器中，对多层次结构的功率器件中不同位置的开关管温度（T_G）、二极管温度（T_D）、基板温度（T_m）及散热器温度（T_c）进行测量。由于大容量功率模块的开关管芯片与二极管芯片下面存在焊料层、铜层和陶瓷层等，该方法也无法准确获取功率芯片的结温。由于热电阻或热电偶等直接测温元件对结温测量的响应速度一般在秒级左右，响应时间较长，仅适用于散热器或基板的平均温度检测，无法实时反映待测器件的结温动态变化。

热电偶测量结温安放位置示意图如图 4-19 所示。

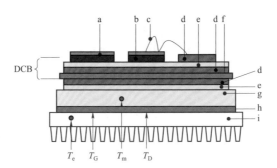

图 4-19　热电偶测量结温安放位置示意图

a—铝金属化层；b—半导体芯片；c—绑定线；d—铜层；e—焊料层；

f—陶瓷衬底；g—铜基板；h—导热硅脂；i—散热器

4.4.2.2　光学非接触测量法

光学非接触测量法主要基于冷光、拉曼效应、折射指数、反射比、激光偏转等光温耦合效应的表征参数，通常借助待测器件温度与红外辐射之间的关系，包括红外热成像仪（Infrared Camera）、光纤、红外显微镜、辐射线测定仪等。红外热成像仪已被用于大容量电力电子器件的结温观测，如图 4-20 所示。

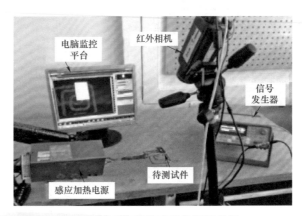

图 4-20　红外热成像仪测量结温

然而现有商用红外热成像仪的最高采样率较低，远不能满足动态结温的实时检测要求。且光学非接触测量法属于破坏性测量方法，无法用于器件结温的在线检测。

4.4.2.3　热阻抗模型预测法

热阻抗模型预测法则结合了待测器件、电路拓扑和散热系统等综合因素，基于待测器件的实时损耗及瞬态热阻抗网络模型，通过仿真计算或离线查表等方式反推芯片结温及其变化趋势（见图 4-21）。由于在工作过程中，伴随着外部环境变化以及器件本身的老化，热阻抗网络中的参数往往会发生变化，而我们无法获得及时更新，因此推算出的结温与实际结温存在偏差。

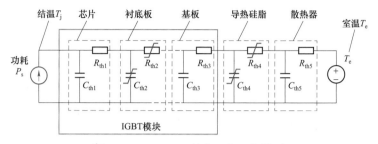

图 4-21 IGBT 器件热阻抗网络模型

热敏感电参数法（temperature sensitive electrical parameter，TSEP）的核心思想是把待测器件自身作为温度传感部件，将其芯片温度信息映射在外部的电气变量上。

利用热敏感电参数提取法进行结温测量的步骤如下：首先，进行离线的校准程序，通过离线方式获得候选热敏感电参数与已知结温的映射规律，将该测定的结温与电气参数的对应关系作为后续结温测量程序的参考；其次，开展参数提取程序，在待测器件正常运行时，实时对热敏感电参数进行测量，利用事先校正程序中获得的映射关系反推芯片温度，该过程可通过曲线拟合后的查表法或神经网络预测法等方式确定。研究指出，热敏感电参数提取法可以实现在 $100\mu s$ 内快速测温。典型的热敏感参数有：饱和导通压降 U_{CEsat}、集电极电压 U_{ce}、栅极阈值电压 U_{th}、开通\关断延迟时间 t_{doff}、关断电流变化率 dI_c/dt 等。

柔性直流换流器的功率器件通常采用模块化设计，其芯片往往封装在内部，难以直接探测其温度量，传统的接触式或非接触式测量方法需要改造或破坏功率器件模块结构，因而难以实现在线监测的目的。热阻抗网络参数模拟法能够克服上述缺点，但该方法的计算复杂、模拟困难，模型参数不能够根据实际情况动态变化，测量的准确度差。热敏感电参数因其易测量、能在线、精准灵活的特点成为现在主流的结温提取方法，不同热敏感电参数的准确度、灵敏度、在线能力均有所差异，综合本节所研究的集中方法，栅极电压阈值 U_{th} 是较好的监测参量的选择。

4.4.3 功率器件状态监测方案

现有的监测手段各有优劣，具体见表 4-14。其中热敏感电参数具有非破坏性、精度高、响应速度快、最可能实现在线监测以及适应性强等优质特性，故推荐采取热敏感电参数的测量、提取和分析的在线监测手段。

表 4-14 功率器件在线监测方法综合比较

比较项目	物理接触测量法	光学非接触测量法	热阻抗模型预测法	热敏感电参数提取法
测量区域	单点提取	区域提取	平均提取	平均提取
响应尺度	秒级	毫秒级	微秒级	微秒级
测量精度	低	高	高	高
应用成本	非破坏性	破坏性	非破坏性	非破坏性
复杂程度	容易	相当复杂	相当复杂	相对容易
在线能力	容易	困难	难	容易
工况适应性	强	弱	弱	强

在选取热敏感电参数时，应充分考虑测量电路对主电路、驱动电路的影响，应当首先保证主电路、驱动电路的正常工作，并最大程度地减少对系统可靠性的影响。目标是选择一个对系统侵入性小的、集成度高的、灵敏准确的热敏感电参数及其测量方法，当然所选方法也应当对不同型号的 IGBT 都需要有较好的适用性。

表 4-15 对上述讨论的热敏感电参数测量方法进行了一个比较，按照选取原则，可以选择栅极阈值电压这种方案。

表 4-15 热敏感电参数测量方法比较

测量方法	灵敏度	精准度	集成性	非侵入性	泛化度	线性度
小电流饱和压降法	良	优	中	差	优	优
大电流压降法	差	差	良	优	优	良
驱动电压降差比法	良	优	良	差	优	优
集电极开启电压法	差	优	差	差	优	优
栅极阈值电压	良	优	优	优	中	优
关断延迟时间	中	良	优	优	中	优

综上所述，选取的在线监测方案为：通过测量，提取栅极阈值电压，在使用前通过标定确定其校正曲线，计算输入参数，实现在线监测。根据所选的热敏感参数及其测量方法，在实际监测过程中我们需要测量的都是电气量，且都

是与 IGBT 外部端部特性相关的量,有利于其在生产实践中的快速普及也便于维护和技术迭代。

4.4.4 试验平台设计

在实际运行过程中,器件的老化通常会造成芯片结温过热异常、电压耐受能力下降,通流能力下降等。在线监测的就是为了获取器件当前的状态,评估其可靠性判断其老化程度并对其未来的寿命进行预测,从而起到故障提前预警的作用。为了加速模拟老化过程,需要设计一套试验平台。试验平台主要由功率循环主电路、驱动电路、测量电路、控制保护电路及冷却系统构成。

(1)功率循环主电路。功率循环主电路是功率循环电路电流的主要通路,也是保护电路主要保护的对象。搭建主电路主要需要考虑老化工位、功率源及主电路负载等因素。主电路结构如图 4-22 所示。

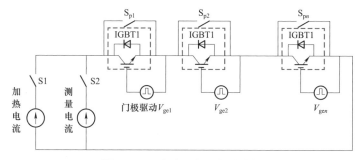

图 4-22 试验平台主电路结构

1)为缩短试验周期,同时获得多种功率循环模式下的大量试验数据,若采取一个功率循环平台配备一个循环工位,需要同时建立多个试验平台,硬件成本高。为在配备多个循环工位,可以采用多个 DUT 串并联的方式,通过控制各 DUT 的导通关断实现不同的功率循环模式。

2)功率源可以选择电流源或者电压源,但考虑到器件的老化主要由热疲劳引起,在研究功率老化的时候,应以热疲劳为主而控制其他老化因素的影响。在相同负载情况下,发热功率主要与电流大小有关,若采用电压源,其工作电流不能保持始终恒定,难以控制发热功率的大小,可能对实验数据造成影响,同时也给控制保护带来困难。相反,电流源可以保证输出工作电流的恒定,通过程序控制也容易实现输出功率的控制;同时,采用电流源可以在较低的电压下使 IGBT 导通并产生非常大的工作电流,避免了高电压对 IGBT 芯片造成电老化以及周边绝缘物质的绝缘老化,控制了老化因素。

3)对于主电路负载,由于采用电流源,电压等级低,不需要大电阻限流,可以在每个 IGBT 后面串接一个小电阻,一方面作为负载,另一方面可以作为测量电流 I_c 的手段。

(2)测量电路。测量电路的设计原则是要独立于驱动模块,形成模块化设计增强集成度,减小对系统的侵入程度。用于试验平台的测试电路框架如图 4-23 所示。其核心是 DSP 处理芯片,用来对采集的数据进行数字滤波和处理,通过串口、蓝牙与电脑或控制装置通信。

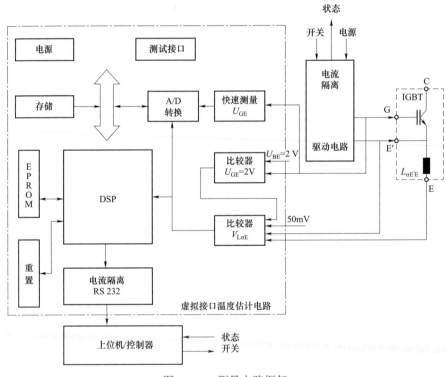

图 4-23 测量电路框架

(3)冷却系统。为提高功率循环试验效率,当 IGBT 处于散热状态时给散热器通水,加速降温;在 IGBT 处于加热状态时,停止通水。在冷却系统设计中,可以整个水循环共用一个水泵,如图 4-24 所示。实现了每个循环的 IGBT 的冷却系统相对独立,并减轻了装配的工作量,降低了控制程序的复杂性。

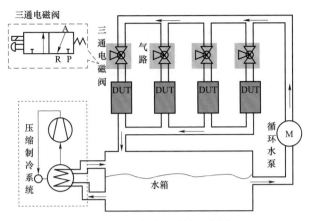

图 4−24　水循环系统示意图

（4）控制保护电路。控制保护装置主要用于保护主电路以及水冷系统，其主要的监测量由测量电路采集，通过 PLC 控制，并以继电器为动作单元。

换流器试验技术

由于基于可关断器件换流器的大功率电力电子装置在电力系统和工业领域的广泛应用，对装置的性能和可靠性的要求也越来越高，这就要求在投入运行之前，必须对装置做更加严格的试验以保证其能够很好地完成设计要求。柔性直流换流器的核心——可关断器件换流器对于电压、电流、电流变化率 di/dt、电压变化率 du/dt 和温度都非常敏感，因此必须进行可关断器件换流器的试验方法研究。

5.1 换流器试验项目

换流器试验包括型式试验和例行试验两大类。其中换流器的型式试验又包括两大类内容：① 检验换流器高压特性而进行的试验，即绝缘试验（也称电介质试验），主要针对换流器对地、换流器端间和换流器相间的绝缘进行，包括阀支架绝缘试验、多重阀绝缘试验、阀端子间绝缘试验以及阀抗电磁干扰试验；② 检验换流器的导通、关断和有关电流特性而进行的试验，即运行试验，主要是模拟换流器实际运行工况，对保证高压换流器在实际工况中的无故障运行有重要意义。

5.1.1 换流器绝缘试验

（1）阀支架绝缘试验。阀支架绝缘试验主要考核阀模块对地支撑绝缘子、层间绝缘子、水路、光纤等绝缘件在各种耐受应力工况下的耐受应力的能力，主要有直流耐压、交流耐压、操作冲击、雷电冲击和层间阀支架直流耐压试验 5 项试验。

直流耐压和交流耐压试验的试验电压计算是根据 GB/T 33348《高压直流输电用电压源换流阀 电气试验》给出的计算方法计算得出，操作冲击和雷电冲击试验的试验电压是根据直流端对地的绝缘参数作为试验电压。阀支架绝缘试验应满足如下试验条件。

1）对冗余子模块的处理：短接冗余子模块首尾端子；

2）对阀塔子模块冷却循环水的要求：冷却循环水流量 509L/min（30.6t/h）、进水口温度最高 40℃、电导率大于 0.3μs/cm 但不超过 0.5μs/cm。冷却液应处于代表最严酷运行条件的状态；

3）阀塔与周围接地网的距离：应满足工程实际情况。

（2）阀支架直流耐压试验。将阀的两个主要端子短接，试验电压施加在已短接的端子与地之间。试验之前，阀支架应当短路接地至少 2h。

1min 试验电压为

$$U_{tds} = \pm U_{dsm}U_{dms1}k_3k_t \tag{5-1}$$

3h 试验电压为

$$U_{tds} = \pm U_{dms2}k_3 \tag{5-2}$$

式中：U_{dsms1} 为跨接在阀支架上的稳态运行直流电压分量的最大值出现在阀支架上的 1s 内的平均电压最大值，通过绝缘配合研究确定；U_{dms2} 为出现在阀支架上的稳态运行电压直流分量的最大值；k_3 为试验安全系数，1min 试验 k_3 取值 1.6，3h 试验 k_3 取值 1.1；k_t 为大气修正系数，工程运行现场与试验大厅海拔气压等参数接近，暂不考虑大气修正系数。在相关条款中有要求时，试验电压应按照 IEC 60060-1 的规定进行大气修正。

从不大于 1min 试验电压的 50%开始，在 10s 内升至 1min 试验电压，保持1min，然后降至 3h 试验电压并保持 3h，再降至零。在 3h 试验电压的最后 1h 测量局部放电水平，并按照要求记录局部放电数目。局部放电水平应不超出表 5-1 给出的限值。

表 5-1　　　　　　　　局 部 放 电 水 平 限 值

局部放电水平（pC）	限值（次/min）
>300	最大不超过 15
>500	不超过最大 7
>1000	不超过最大 3
>2000	不超过最大 1

使用相反的极性重复上述试验。

阀支架交流试验电压 U_{tas} 的方均根值为

$$U_{tas}=\frac{U_{ms}}{\sqrt{2}}k_4 k_t k_r \qquad (5-3)$$

式中：U_{ms} 为稳态运行期间，加在阀支架的最大重复运行电压峰值，包括换向关断过冲量；k_4 为试验安全系数，1min 试验取值为 1.3，30min 试验取值为 1.15；K_t 为大气修正系数，1min 按照 IEC 60060-1 的规定进行大气修正，30min 试验取值为取值 1.0；K_r 为瞬时过电压系数，1min 试验由系统分析确定，取值为 1.7（考虑变压器二次侧为不接地或高阻接地原则考虑），30min 试验取值为 1.0。

从不超过规定的 1min 试验电压的 50%开始，在 10s 内升至规定的 1min 试验电压 U_{tas1}，保持 1min，降低到规定的 30min 试验电压 U_{tas2}，保持 30min 后降到零。在规定的 30min 试验中，监测和记录局部放电水平，若局部放电值低于 200pC，可以完全接受，若局部放电值大于 200pC，则需要评估试验结果。

（3）阀支架操作冲击试验、试验电压施加在短路子模块端子与地之间。施加正、负极性冲击各 3 次，如果没有发生破坏性放电，且未发现绝缘子本身有损坏，则认为换流阀通过试验；如果发生破坏性放电超过 1 次，则认为换流阀未通过试验；如果阀支架自恢复绝缘仅发生 1 次破坏性放电，且未发现绝缘子本身有损坏，则再追加 9 次额定耐受电压，如再无破坏性放电发生，则仍认为换流阀通过试验。应采用符合 IEC 60060 规定的标准操作冲击电压波形，试验电压应按照换流站绝缘配合选取。

冲击发生器应产生如下波形：峰值 850kV±3%，波头时间 250μs±20%，波尾时间 2500μs±60%。

（4）阀支架雷电冲击试验。试验电压施加在短路子模块端子与地之间。施加正、负极性冲击各 3 次，如果没有发生破坏性放电，且未发现绝缘子本身有损坏，则认为换流阀通过试验；如果发生破坏性放电超过 1 次，则认为换流阀未通过试验；如果阀支架自恢复绝缘仅发生 1 次破坏性放电，且未发现绝缘子本身有损坏，则再追加 9 次额定耐受电压，如再无破坏性放电发生，则仍认为换流阀通过试验。应采用符合 IEC 60060 规定的标准雷电冲击电压波形，试验电压应按照换流站绝缘配合选取。

冲击发生器应产生如下波形：峰值 1050kV±3%，波头时间 1.2μs±30%，波尾时间 50μs±20%。

（5）层间阀支架直流耐压试验。阀塔在运行工况下，层间耐受电压不存在交流和冲击应力，所以绝缘试验时只考核直流耐受应力，主要再现层间绝缘子、水路、光纤等绝缘材料在最高稳态运行情况下，层间绝缘子耐受直流电压的能力。拆卸掉单阀层间连接铜排，每层子模块首尾短接，试验电压施加在第 1、2 层之间，即：第 2 层子模块短接端子接高压，第 1 层子模块短接接地。

试验电压

$$U_{tdc}=\pm u_c k_3 n_c \qquad (5-4)$$

式中：u_c 为换流阀子模块电容器额定直流电压；k_3 为试验安全系数，1min 试验 k_3 取值 1.6，3h 试验 k_3 取值 1.1；n_c 为三联塔每层子模块总数（包括冗余）。

从不大于 1min 试验电压的 50%开始，在 10s 内升至 1min 试验电压，保持 1min，然后降至 3h 试验电压，保持 3h，然后降至零。在 3h 试验电压的最后 1h 测量局部放电水平，并按照要求记录局部放电数目。局部放电水平应不超出表 5-2 给出的限值。

表 5-2 局部放电水平限值

局部放电水平（PC）	限值（次/min）
>300	最大 15
>500	最大 7
>1000	最大 3
>2000	最大 1

使用相反的极性重复上述试验。然后用上述试验方法重复对第 2、3 层之间进行试验。

阀端子间的绝缘试验用来验证阀设计的各种类型过电压（直流、交流，操作冲击，雷电冲击及陡波前冲击过电压）相关的电压特性。这些试验应证明：阀能够承受规定的过电压；在规定的试验条件下，局部放电处于规定的限值之内；内部的均压电路有足够的额定功率；阀电子单元功能正确。

由于柔性直流换流阀直流侧无架空线及相电抗器，不会遭受交流侧或拓扑结构中的直击雷的冲击情况。且由于阀体本身内部集成了直流电容器，冲击对于阀的电气特性无法起到决定性作用，则将 IEC 中的阀的冲击试验省去（IEC 62501 的 9.3.3 阀操作冲击试验及 9.3.4 阀雷电冲击试验省略）。

为了验证单阀在最高运行电压下的绝缘性能，根据 VSC 阀固有特性以及工作原理，对单阀进行交—直流耐压试验，且试验过程中，单阀整体和单阀单层直流耐压试验不进行局部放电测量。单阀绝缘试验应满足如下试验条件。

1）对冗余子模块的处理：短接冗余子模块首尾端子；

2）对阀塔子模块冷却循环水的要求：冷却液应处于代表最严酷运行条件的

状态。冷却循环水流量 509L/min（30.6t/h），进水口温度最高 40°C，电导率大于 0.3μs/cm，但不超过 0.5μs/cm；

3）阀塔与周围接地网的距离：应满足工程实际情况。

（6）阀交—直流电压试验。在该试验中，可以用电容器与交流试验电压源一起提供一个复合交流—直流电压波形。

从不超过 1min 试验电压的 50%电压开始，在 10s 内电压升至规定的 10s 试验电压的水平，并保持 10s，降低到规定的 30min 试验电压，保持 30min 后降至零。

假如对局部放电比较敏感的元件已经单独进行试验，则在 30min 试验的最后一分钟局部放电记录间，最大值要小于 200pC。整个记录期间，平均超过 300pC 脉冲数量，每分钟不得超过 15 次。其中，500pC 以上的脉冲每分钟不得超过 7 次，1000pC 以上的脉冲每分钟不得超过 3 次，2000pC 以上的脉冲每分钟不得超过 1 次。

阀的 10s 试验电压 U_{tv1} 按下式计算

$$U_{tv1} = (k_{c1}U_{tac1}\sin 2\pi ft + U_{tdc1})k_0 k_9 \qquad (5-5)$$

式中：U_{tac1} 是跨接在阀上的最大暂态交流分量的过电压峰值，实际运行条件下的过电压应考虑阀避雷器或极避雷器的限制效果；U_{tdc1} 是跨接在阀上的最大暂态直流分量的过电压峰值，实际运行条件下的过电压应考虑阀避雷器或极避雷器的限制效果；k_{c1} 电压阶跃过冲系数，与换流阀输出电压阶跃相关，和确定 U_{tac1} 条件一致，对于 MMC 或者 CTL 型换流阀，电压阶跃过冲系数与一个子单元或一个子模块的电压阶跃过冲系数相关；k_9 是试验安全系数，k_9=1.10；f 是试验电压频率；k_0 是 4.3.2 条款确定的试验比例系数，k_0=0.167 是试验电压比例系数。

$$k_0 = \frac{N_{tu}}{N_t - N_r} \qquad (5-6)$$

式中：N_{tu} 是试品中没有短路连接的串联阀级的数量；N_t 是阀中串联阀级的总数；N_r 是阀中冗余的串联阀级的总数。

阀的 30min 试验电压 U_{tv2} 按式（5-7）、式（5-8）计算

$$U_{tv2} = U_{tac2} + U_{tdc2} \qquad (5-7)$$

$$U_{tac2} = \frac{\sqrt{2}\times U_{max-cont}}{\sqrt{3}}\sin(2\pi ft)k_0 k_{10} \qquad (5-8)$$

$$U_{tac2} = \frac{\sqrt{2}\times U_{max-cont}}{\sqrt{3}}\sin(2\pi ft)k_{c2}k_0 k_{10}$$

$$U_{tdc2} = U_{dmax}k_0k_{10} \qquad (5-9)$$

式中：$U_{max-cont}$ 是交流系统或变压器阀侧（如果在交流系统和换流器之间有连接变压器有变压器）的最大稳态相间电压；U_{dmax} 是直流系统稳态运行电压直流分量的最大值；k_{c2} 电压阶跃过冲系数，与换流阀输出电压阶跃相关，和确定 U_{tac2} 条件一致。k_0 是 4.3.2 条款确定的试验比例系数，k_0=0.167 电压比例系数，等同10s 试验参数；k_{10} 是试验安全系数，k_{10}=1.10；f 是试验电压频率。

（7）阀抗电磁干扰试验。根据 IEC62501 的规定，试验对象应包括至少两个相邻的阀段。

根据 IEC62501 规定的试验方法，直接模拟干扰源，要求两个及以上的阀段检查它们之间的相互影响。

试验应验证：不会发生 IGBT 误触发或导通顺序混乱；阀上所装的电子保护电路按照预定动作；不会发生阀级故障的错误指示，阀基电子单元也不会因为阀监测电路收到错误信息而将错误的信号送到换流器控制和保护系统。

5.1.2 换流器运行试验

由于换流器的运行工况存在稳态运行工况和暂态运行工况，对于不同的工况、不同的应力，就会有不同的试验要求。如换流器在暂态情况下，不但要考察换流器对暂态工况应力的耐受性，还要考察换流器的保护系统的工作状态及其他影响换流器失效的因素等。

基于上述试验要求，需将换流器的运行试验分为两大类：针对换流器稳态应力的稳态运行试验和针对换流器暂态应力和暂态失效的暂态运行试验。由于换流器的暂稳态应力及失效机制包含的内容较多，因此通常还分别将暂稳态试验细分成多个不同但又相互关联的试验。这也是换流器运行试验复杂性的来源之一。如换流器的过电流试验，如果实际工况下要求换流器必须耐受暂时的过电流及相关应力，针对这种工况进行的试验是过电流不闭锁试验；如果实际工况下要求换流器的驱动保护电路动作闭锁换流器，针对这种工况进行的试验是过电流闭锁试验或称过电流关断试验，试验不但要检验换流器对于闭锁前过电流、di/dt 应力、闭锁之后 du/dt 应力及过电压应力的耐受能力还要检验换流器的驱动电路是否能可靠检测过电流并及时关断换流器。而对于带有反并联二极管应用的 IGBT 换流器或逆导型 IGCT 换流器，还需对二极管的过电流耐受能力进行检验，通常是短路电流试验。

（1）稳态运行试验。稳态试验是为了考察换流器对稳态工况下各种应力的耐受性而进行的试验，同时试验还要考察与换流器相关电子电路设计的正确性。基于稳态运行试验的两个主要目的，可再将稳态运行试验细分为最大持续负载运行试验和最小直流电压试验。

1）最大持续负载运行试验。为了检验换流器对稳态工况各种应力的耐受性，在最大持续运行负载试验中，需要再现基于应力分析结果，在稳态运行工况下换流器周期触发和关断状态各种应力的最大值，试验的关键应力包括：换流器最大通态电流、换流器最大断态电压、换流器开通和关断时的最高 di/dt、du/dt 及最大开通电流尖峰和关断电压尖峰，此外还包括最高的换流器运行温度。

2）最小直流电压试验。由于换流器驱动电路的取能方式通常采用高位取能，即从换流器两端的电压取能。当换流器端电压降至某一值时，驱动电路无法正常工作。最小直流电压试验是为了检验从换流器端间电压取能的电子电路在设计的能保证电路正常工作的最小直流电压下是否能够正确动作。因此最小直流电压试验的关键应力是换流器两端的直流电压。

（2）暂态运行试验。根据型式试验的定义和目的，暂态运行试验主要是为了检验换流器对过电流运行工况下各种应力的耐受性及相关电子电路驱动保护设计的正确性。

通过分析，换流器有三种形式的过电流，因此相对应也有三个种过电流运行试验。对应 IGBT 短路过电流运行工况的试验是 IGBT 过电流关断试验；对应 IGBT 暂时过电流运行工况的试验是最大暂时过载运行试验；对应 FWD 过电流运行工况的是短路电流试验。

1）过电流关断试验。对于换流器的第一种过电流，IGBT 的过电流保护电路必须在过电流的幅值超过器件能承受的范围之前关断 IGBT，因此过电流关断试验的主要试验对象是 IGBT 及 IGBT 的驱动电路。试验不但可以检验换流器对最严酷过电流工况下各种应力的耐受性，同时还可以检验 IGBT 过电流保护电路设计的正确性。

根据第一种过电流下换流器失效机制的工作机制的分析，可知过电流关断试验的关键应力包括：过电流前的最大截止电压，最大开通 di/dt，最大过电流幅值，最大关断 du/dt，最大关断电压尖峰和最高瞬时结温。

2）最大暂时过载运行试验。对于换流器的第二种过电流，其运行工况是一种暂时的稳态工况，但由于其运行电流超过稳态运行的额定电流，因此将其归为暂态运行试验。

对于最大暂时过载运行试验，其试验要求和最大持续运行负载试验类似，所不同的只是试验电流应力的强度和持续的时间。

3）短路电流试验。对于换流器的第三种过电流，即 FWD 的过电流，在这种运行工况中，IGBT 已经闭锁，短路电流持续流经反并联二极管，因此短路电流试验的试验对象是 FWD（（或 FWD 以及与其并联的对于换流器还应包括其保护晶闸管））。

根据第三种过电流下换流器工作机制的失效机制分析，可知短路电流试验的关键应力包括：FWD 的最大通态电流、FWD 的最大反向电压和、FWD 的最高结温。此外，根据换流器第三种过电流的失效机制，另外一个试验关键应力是，以及换流站闭锁之后的电容器的残留电压。

5.1.3 换流器例行试验

换流器例行试验包括子模块例行试验和阀模块例行试验。

（1）子模块例行试验。高压子模块拓扑结构如图 5-1 所示。

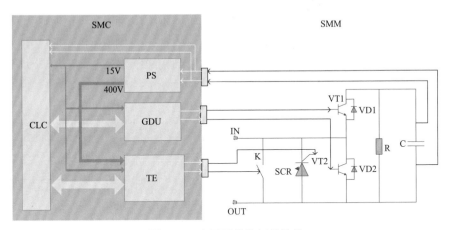

图 5-1 高压子模块拓扑结构

高压电器电气子模块主要包括子模块回路（SMM）和子模块控制器（SMC）两部分。子模块回路包括 IGBT 器件（T_1/T_2，包含水冷散热器）、直流侧电容（C）、直流侧电阻（R）、保护晶闸管（SCR）和旁路开关（K）。

子模块控制器包括中央逻辑控制单元（CLC）、IGBT 驱动单元（GDU）和高位取能供电电源（PS）。

SM 例行试验项目见表 5-3。

表 5-3   SM 例行试验项目

序号	试验项目	检验内容
1	SM 接线检查	对试验区待做试验（未安装电容器）的子模块试品进行，整体接线及外观检查，确认元件安装正确且外观无破损、无悬浮电位点。保证子模块中央逻辑控制板、取能电源、IGBT 及其驱动器、晶闸管/旁路开关和电容器之间的电信号和光信号接线正确
2	通信、控制、保护检查	对完成序号 1 中检测的子模块试品，进行 IGBT 触发功能、中控板 SMC 电压采样和子模块故障回报功能测试，确认子模块通信、控制和保护配置正确
3	水压试验	对完成序号 2 中检测的子模块试品，进行散热器水压测试，确认散热器水嘴接头在正常水压下无渗漏水情况
4	最低直流电压试验	对完成序号 3 中检测的子模块试品，进行低电压功能试验，确认取能电源于最低运行电压以上开始正常工作、一定电压以下停止工作并上报欠压保护信号
5	BOD 保护过电压试验	对完成序号 4 中检测的子模块试品，进行 BOD 功能过压测试，确认子模块电容电压高于保护值时能 BOD 正常动作，并使得旁路开关快速关断
6	晶闸管低压触发试验	对完成序号 5 中检测的子模块试品，进行晶闸管低压触发试验，确定 IGBT 器件的通态压降足以使晶闸管正常开通
7	短时低压重复触发试验	同上
8	稳态运行试验	对完成序号 7 中检测的子模块试品，进行长期考核试验，确定子模块通信、控制、冷却等各部分功能长期正常运行

（2）阀模块例行试验。阀模块例行试验对象为阀模块一个层单元。阀模块由 6 多个 SM 子模块串联组成，包括阀支架、子模块和水冷管路。阀模块例行试验项目见表 5-4。

表 5-4   阀模块例行试验项目

序号	试验项目	检验内容
1	接线检查	试验前需要对组装完成后的阀模块进行接线检查，包括子模块母排连接、阀支架连接水冷却管路连接等
2	水压试验	对完成序号 1 中试验的阀模块，进行子模块水冷直路和阀模块母管安装可靠性检查，确认阀模块各管路无渗漏水情况
3	交流充电试验	对于完成序号 2 中试验的阀模块，进行阀模块交流充电试验，确认子模块的耐压能力及触发是否正常，以保证阀模块出厂合格
4	直流充电试验	对于完成序号 3 中试验的阀模块，进行直流充电试验，确认子模块的耐压能力及触发是否正常，以保证阀模块出厂合格

5.2 换流器试验电路设计

针对换流器的电气试验研究，首先需要对试验的等效性进行分析，从理论上保证在一定试验目的和条件约束下，选择合适的试验方法，使试验装置产生的电流、电压、机械和热应力等与所考察换流器装置或其核心组件在实际运行中所遇到的情况具有相同效果；而后深入研究换流器的工作原理、运行工况和换流器中关键器件及其组合体上的电、热和机械应力。综合以上研究基础，根据等效试验机理提出相应试验方法，并对试验结果等效性进行正确评价。本节将主要讨论换流器稳态、和暂态试验的电路设计及其等效性评价方法。

5.2.1 稳态试验电路设计

在换流器－HVDC 基于模块化多电平换流器的柔性直流输电系统中，换流器的作用是作为可控电压源。与串联换流器相比，其最大的特点就是换流器与换流器之间的电气应力影响相对较弱。因此，换流器的试验方法研究首先从单个子模块开始，再到换流器试验方法的研究。对于单个子模块和换流器，采用的是全载试验方法。

5.2.1.1 逆变单相试验电路

逆变单相试验电路如图 5－2 所示，上、下桥臂各只有一个子模块，两个子模块的工作状态互补，即忽略 IGBT 驱动脉冲的死区时间，则不存在子模块同时输出 0 电平和同时输出电容电压的工作状态，因此运行中不会出现上、下桥臂直通的故障，也不会出现负载电压为 0 的状态。其中桥臂电抗 L_1、L_2 起到换流器上续流的作用。

设直流电容 C_{DC1} 上电压为 U，理想状态下，电路稳定后子模块电容电压应为 $2U$，为了便于对电路的分析，将直流侧电容 C_{DC1} 和 C_{DC2} 用两个直流电压源代替。

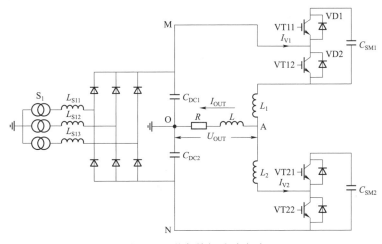

图 5－2 逆变单相试验电路

设上桥臂子模块为 SM1,下桥臂子模块为 SM2,每个子模块的工作状态有两种,一种是输出 0 电平,相当于一根导线;另一种状态是输出子模块电容电压 2U,相当于一个直流电压源。同时由于负载为感性负载,电阻可以忽略,因此可以得出在这两种状态下试验电路的等效电路如图 5-3 所示,图 5-3(a)是 SM1 输出 0 电平而 SM2 输出子模块电容电压 2U 时的等效电路图;图 5-3(b)是 SM1 输出子模块电容电压 2U 而 SM2 输出 0 电平时的等效电路图。

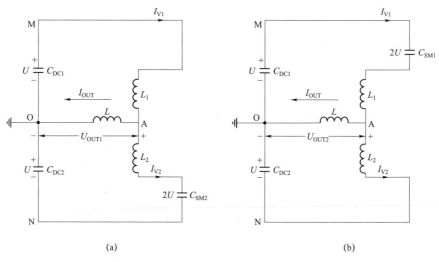

图 5-3 逆变单相试验电路工作状态示意图
(a)SM1 输出 0 电平;(b)SM1 输出电容电压(2U)

设负载电流的正方向为图中 I_{OUT} 所示的方向,电压取关联参考方向,图 5-3(a)中 U_{OUT1} 的表达式应为

$$U_{OUT1} = +U - L_1 \frac{dI_{V1}}{dt} \qquad (5-10)$$

图 5-3(b)中 U_{OUT2} 的表达式应为

$$U_{OUT2} = -U + L_2 \frac{dI_{V2}}{dt} \qquad (5-11)$$

如果 IGBT 器件采用对称方波调制策略,则负载上电压 U_{OUT} 的波形应为在 U_{OUT1} 和 U_{OUT2} 之间跳变的对称方波。由于负载是纯感性负载,因此负载的电流为对称三角波。

对于换流器上的电流,以图 5-4(a)中换流器电流为例,由于电路上下参数对称,$L_1=L_2$,若忽略过程中子模块电容 C_{SM2} 的放电过程,则可认为 $I_{V1}=-I_{V2}=I$,则有 $I_{OUT}=2I$,同时由于桥臂电感的存在和续流二极管的续流作用,换流器上的电流应是一个对称的三角波。幅值是负载电流的一半。电路中换流器电流和负载电流的仿真波形如图 5-4 所示。

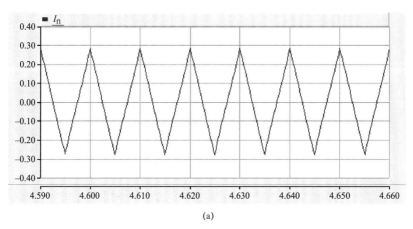

(a)

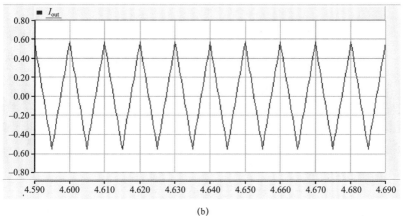

(b)

图 5-4 逆变单相试验电路电流仿真波形

（a）换流器电流仿真波形；（b）负载电流仿真波形

试验需要考察的一个重要应力就是 IGBT 开通时的电流尖峰，电流尖峰的产生是由于续流二极管的恢复过程产生的反向恢复电流加在了即将要开通的 IGBT 上。因此分析 IGBT 在开通时是否有电流尖峰，就要分析 IGBT 和续流二极管的开关顺序。

由于电路上下对称，因此只对 SM1 进行分析。当 SM1 中 VT2 开通而 VT1 闭锁，此时 I_{V1} 的方向为流入 SM1，之后当进入 VT2 闭锁而 VT1 未开通的死区时间时，由于桥臂电抗器的存在，I_{V1} 的方向无法改变，仍为流入 SM1 的方向，此时由 VD1 承担续流任务，之后 VT1 开通，VD1 被强制关断，续流结束。因此，在逆变单相电路中，子模块中器件的开通顺序为：VT2-VD1-VT1-VD2-VT2

的循环过程，因此二极管的反向恢复电流无法加在 IGBT 上，意即该电路无法模拟 IGBT 开通时的电流尖峰。电路中 VT1 和 VD2 的开关时序图如图 5-5 所示。

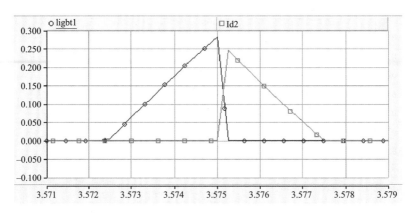

图 5-5　逆变单相试验电路器件开关时序图

对于换流器上的电压，即子模块中下方 IGBT 两端的电压，由于直流侧电容较大，可认为是稳定的电压源，因此换流器上的电压是幅值为 $2U$ 的方波。

实际运行中当子模块下方 IGBT 闭锁，即输出电压为 $2U$ 时，由于桥臂电感的存在，续流二极管的续流过程会使得子模块的电容器存在一定的充电过程，而在输出电压为 0 时，电容器存在一定的放电过程，因此电容器上电压应是一个带有波动的直流电压，波动值与子模块电容器容值有关。该试验电路的电压仿真波形如图 5-6 所示。

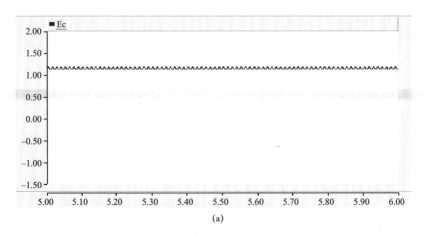

(a)

图 5-6　逆变单相试验电路电压仿真波形（一）
（a）换流器子模块电容器电压仿真波形

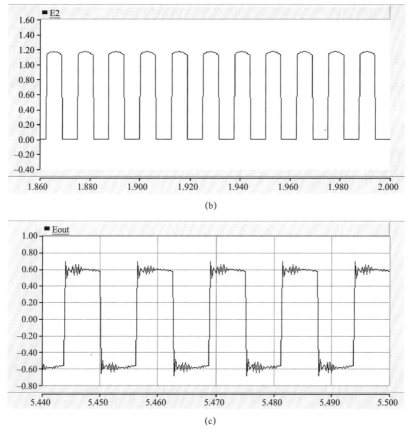

图 5-6 逆变单相试验电路电压仿真波形（二）

（b）换流器电压仿真波形；（c）负载电压仿真波形

5.2.1.2　合成电源试验电路

通过上面的分析可以看出，单电源逆变电路在 IGBT 开关频率较低、桥臂子模块数较低的情况下，换流器上电流和负载电流均为三角波，即使采用 PWM，同样由于开关频率低的缘故，无法使换流器上的电流波形成为正弦波。同时，由于负载是无源的纯电感，无法模拟 IGBT 在开通时刻的电流尖峰。

综合上述分析，考虑使用两个电源合成的方法，即直流侧仍为原电源，同时在负载即交流侧增加一个单相工频交流电源。这样在子模块开关频率高于工频的情况下，由于负载电流是工频的，就存在可以产生 IGBT 开通时的电流尖峰的情况。

在如图 5-7 所示的电路中，L 是桥臂电感。负载电流 I_{OUT} 的正方向设为流出换流器的方向，如图中所示。设初始状态为 I_{OUT} 为正，VT2 导通 VT1 闭锁。

之后 VT2 闭锁但 VT1 未导通时，由于负载电流仍为正，此时将由 VD1 导通承担续流任务。由于 IGBT 开关频率高于负载电流频率，且负载电流由交流侧电源决定，因此在负载电流未改变方向 VT1 导通时，并没有电流流过 VT1，而是仍由未承受反向电压的 VD2 导通维持负载电流为正，之后 VT1 闭锁而 VT2 导通，此时 VD2 由于承受子模块电容器反相电压而闭锁，于是其恢复电流施加在开通的 VT2 上，形成 VT2 开通的电流尖峰。如果 IGBT 开关频率越高，则在负载电流为正的情况下，VT2 上的电流尖峰次数越多。同理，当负载电流为负时，VD2 上的反向恢复电流会施加在 VT1 上。

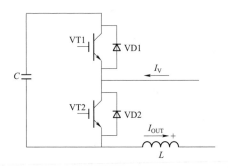

图 5-7　IGBT 电流尖峰产生原理电路

由两个电源组成的合成电源试验电路拓扑如图 5-8 所示。

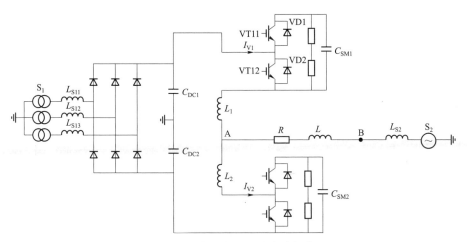

图 5-8　合成电源试验电路拓扑

利用两个模块组成换流器，连接两个电源。左边电源 S_1 采用不控整流桥对大电容充电，提供直流侧电压，交流侧通过换相电抗连接单相交流电源 S_2，换流器高压换流器模块中 IGBT 仍采用对称方波调制方式。电路中两个电源，其中

电源 S_1 提供子模块电容电压，电源 S_2 控制主电路电流。

按照前面的分析方法，由于子模块中 IGBT 的控制方式仍采用方波控制，使得子模块的工作状态仍为两种，对外输出"0"电压和对外输出子模块电容电压，子模块两种工作状态下的等效电路，如图 5-9 所示。

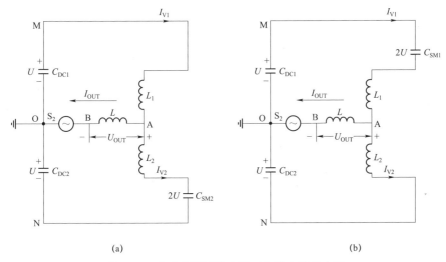

图 5-9 合成电源试验电路工作状态等效电路
（a）SM1 输出 0 电平；（b）SM1 输出电容电压（2U）

从图中可以看出，合成电源试验电路与逆变单相试验电路不同之处在于前者相当于后者在负载处添加了一个交流电源。此时负载输出电压可由下式表示

$$U_{AB} = U_{AO} - U_{BO} = U_{AO} - U_{S2} \qquad (5-12)$$

前面在分析逆变型单相试验电路中已经得到，如果忽略桥臂电感上的电压，U_{AO} 应等于直流侧电压的一半，幅值设为 U，这个电压与子模块的电容电压共同由电源 S_1 控制，因为试验中子模块电容电压是一定的，要根据实际示范工程的要求来定。因此，负载上的电流就由电源 S_2 的大小来确定。其表达式应为

$$U_{AO} - U_{S2} = L \frac{dI_{OUT}}{dt} \qquad (5-13)$$

由于 IGBT 采用的是标准方波调制，则 U_{AO} 是一个在 $+U$ 和 $-U$ 之间跳变的方波，U_{S2} 是系统工频的正弦波。因此只要 U_{S2} 的幅值足够大，则可认为负载电流的波形也为正弦，相位滞后 90°。

综上所述，可以得出合成电源试验电路参数配合的基本原则如下。

1）根据实际工况子模块电容电压的大小，乘以试验安全系数，可以确定直流侧电压的大小，从而可以确定电源 S_1 的大小。

2）直流侧电压确定之后，可以据此确定电源 S_2 电压的幅值，可选择直流侧电压的 5～10 倍。

3）根据试验需要产生的换流器电流的大小得出负载电流的大小，从而得到换相电抗的大小和电流等级，应当注意负载的电阻要尽可能的小。

4）桥臂电抗对于电路中子模块电流的续流起关键左右，其电感值不宜过小，也不宜过大，电感值过大会影响子模块电容的充放电电流，从而影响上下子模块电容电压的平衡。

合成电源试验电路电流仿真波形如图 5－10 所示。

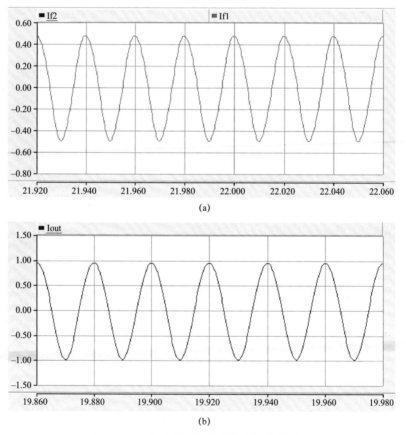

图 5－10　合成电源试验电路电流仿真波形
（a）换流器电流仿真波形；（b）负载电流仿真波形

根据前面的分析可知，合成电源试验电路中子模块的器件开关时序决定了 IGBT 在开通时会产生由于另一模块二极管反向恢复所产生的电流尖峰。子模块中器件的开关时序仿真波形如图 5－11 所示。

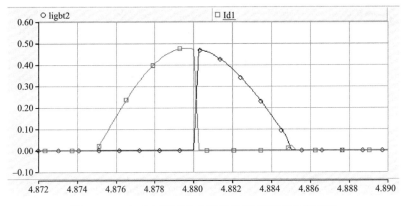

图 5-11　合成电源试验电路器件开关时序仿真波形

从图 5-12 所示的合成电源试验电路 VT1 工作状态仿真波形中可以看出，在运行过程中，存在 VT1 开通但并没有电流流过的过程，因为在这个过程中，是由与 VT1 反并联的续流二极管 VD1 承担续流任务。

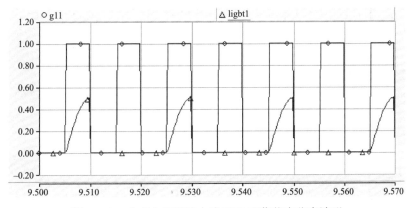

图 5-12　合成电源试验电路 VT1 工作状态仿真波形

合成电源试验电路电压仿真波形如图 5-13 所示。

对于逆变单相试验电路和合成电源试验电路，具体对比分析如下。

1）逆变单相试验电路的电路拓扑及子模块控制较简单，电路易于实现；而合成电源试验电路的电路拓扑非常复杂，控制也较复杂。随着试验电流和试验电压的提高，对交流电源的容量要求呈平方级提高，难以实现，几乎失去了等效试验的意义。

2）逆变单相试验电路在使用方波调制时，换流器电流波形是三角波，与实际的正弦波相差较大。如果采用高频 SPWM 时，虽然电流波形虽然较三角波来讲更接近正弦，但由于电路中桥臂电抗的存在，使得换流器电流波形畸变较严

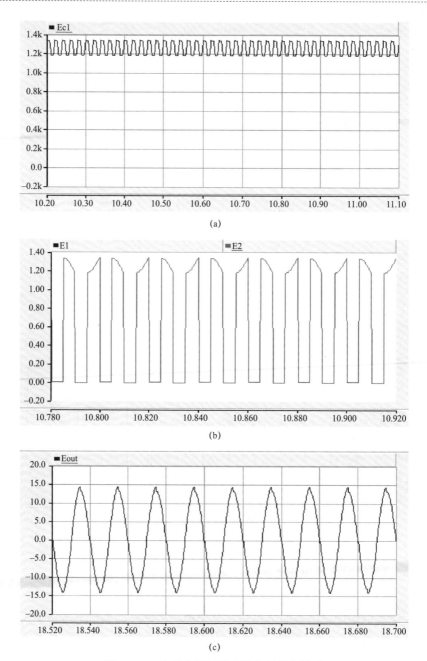

图 5-13　合成电源试验电路电压仿真波形

（a）子模块电容电压仿真波形；（b）换流器电压仿真波形；（c）合成电源试验电路输出电压仿真波形

重，同时随着开关频率的提高，大大超过了与实际工况 IGBT 的最大开关频率，等效性较差。而合成电源试验电路的电路由于交流电源的引入，换流器电流的波形几乎为标准的正弦，且 IGBT 工作在与实际工况相同的开关频率之下，等效性较好。

3）两种电路在换流器电压波形的等效性方面相同，均与实际工况很接近。

可以看到，逆变单相试验电路的电路简单、易于实现，但等效性较差；而合成电源试验电路的等效性有了较大的改善，但这是以较大幅度提高电路复杂性为前提的，且随着试验参数不断地提高，对交流电源的容量要求越来越高，因此电路无法适应未来器件的发展趋势。

两个电路的对比分析结果见表 5－5。

表 5－5　　　　　　　　　　模块试验电路对比分析结果

对比项目	逆变型试验电路	合成电源试验电路
电路拓扑	较简单	复杂
控制复杂程度	较低	高
电源及容量	单电源，容量较小	双电源，容量较大
换流器电流等效性	较差	较好
换流器电压等效性	等效	等效
电路可扩展能力	较高	较低

5.2.1.3　高压子模块稳态试验电路设计

通过对逆变型电路和合成电源电路的对比分析可知，两类电路均有较大的缺陷。如何达到电路拓扑、控制简单与等效性较高两种因素的统一，则需要设计一种兼有两种电路优点的子模块试验电路。

可以发现，如果提高试验电路中 IGBT 的开关频率，虽然载波频率越高，负载电流越接近于正弦波，但是载波频率过高，会大大超过实际工况中 IGBT 的最高开关频率（约 300Hz），从而影响试验的等效性，因此考虑将 IGBT 使用 PWM 波的载波频率提高至 1kHz 左右，同时利用电感、电容的谐振能产生大电流的特性，设计了如图 5－14 所示的高压谐振试验电路。该电路具有不增加直流侧大电容，对电源容量要求较低、电路简单，同时控制简单易实现等优点。

负载 L 两边分别有两个高压子模块，左边为辅助子模块，右边为试品子模块。均工作在 SPWM 状态，两个子模块对称 IGBT 的 SPWM 载波相差为 180°。这样，理论上 SM 高压子模块试验电路（谐振试验电路）相当于一个特殊的 STATCOM。负载电感的两端的电压 U_1、U_2 及负载上的电压 U_L 仿真波形如图 5－15 所示，从图中可以看出 U_1、U_2 是两个双极性的 PWM 波形的电压，二

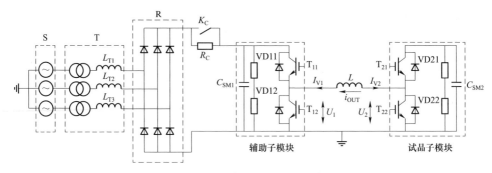

图 5-14　高压谐振试验电路

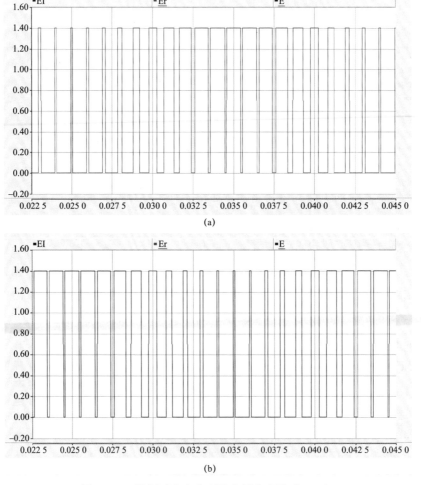

图 5-15　谐振试验电路理论电压仿真波形（一）

（a）U_1仿真波形；（b）U_2仿真波形

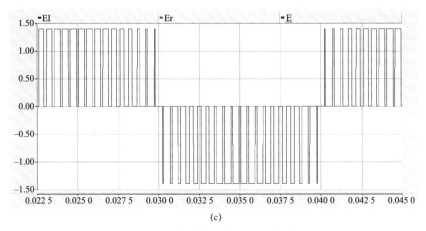

图 5-15 谐振试验电路理论电压仿真波形（二）

（c）U_L 仿真波形

者之差即施加在负载电感上的电压 U_L，它是一个单极性的 PWM 电压，此电压作用在电感上产生的电流是标准的正弦波。

谐振试验电路电流仿真波形如图 5-16 所示，负载电流和换流器电流相同。

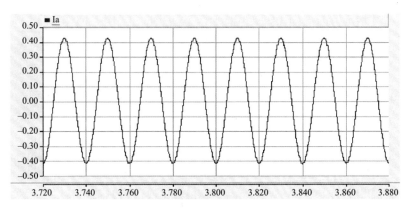

图 5-16 谐振试验电路电流仿真波形

谐振试验电路电压仿真波形如图 5-17 所示。

同样，由于谐振试验电路中，负载电流频率为 50Hz，而 IGBT 的开关频率为 1kHz，分析同逆变单相试验电路，谐振试验电路中 IGBT 和二极管的开关时序使得电路也可以模拟 IGBT 在开通时刻的电流尖峰，IGBT 和二极管的开关时序仿真波形如图 5-18 所示，其中图 5-18（b）是图 5-18（a）的局部放大图形。

针对试品子模块，需建立其在电路中的稳态应力数学模型。如果设交流充电电源的线电压为 U_{ac}，试验电路可以看成是一个电源通过三相不控整流桥对带

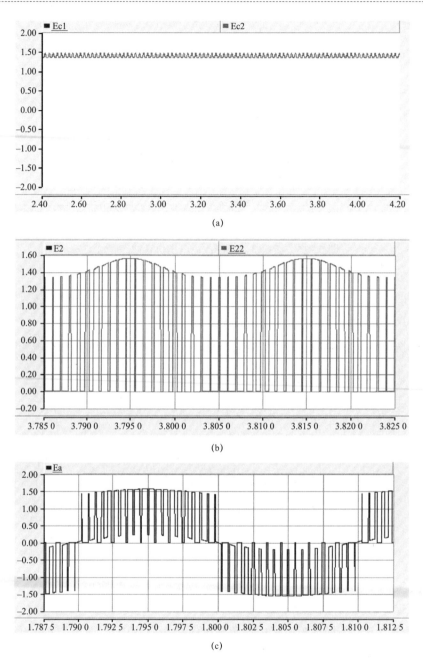

图 5 – 17　谐振试验电路电压仿真波形

（a）子模块电容电压仿真波形；（b）换流器电压仿真波形；（c）谐振试验电路负载电压仿真波形

负载的辅助子模块电容器 C_{SM1} 进行充电的电路，则 C_{SM1} 上电压在理想情况下应为 $1.414U_{ac}$，但由于 C_{SM1} 不是空载，因此实际工作时 C_{SM1} 上的电压略低于 $1.414U_{ac}$，可设其为 U，在电路进入稳定运行状态之后，试品子模块的电容电压也被充至 U。

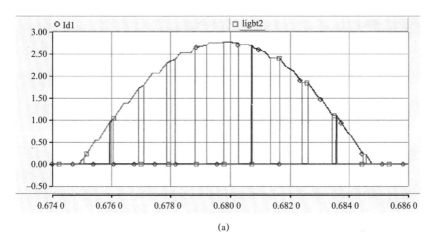

(a)

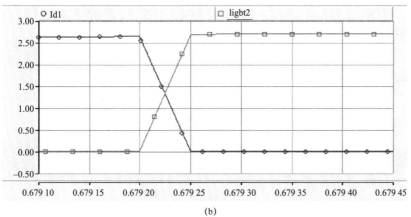

(b)

图 5-18　谐振试验电路器件开关时序仿真波形
（a）IGBT 和二极管的开关时序仿真波形；（b）局部放大图形

辅助换流器和试品换流器的 IGBT 采用 SPWM 方式，如果设调制比为 M，载波频率为 f_C，则负载上的电流的最大值可用下式表达

$$I = \frac{UM}{\omega_0 L} \tag{5-14}$$

式中：ω_0 为工频角频率。

由于电路在实际运行中，IGBT 工作在开关状态，而子模块电容会不停地充、放电，因此其电压存在一定的波动，如图 5-19 所示。从图中可以看出，子模块电容电压正波动量要大于负波动量，下面分析其产生的原因。

如图 5-14 所示的 SM 高压子模块试验电路中，设电感电流如图 i_{OUT} 的方向所示。则对于试品子模块来讲，如果此时 T_{21} 开通，则 C_{SM2} 处于放电状态，其能量随着电感的能量一起流入辅助子模块，如果 T_{21} 关断而 T_{22} 开通，则 C_{SM2} 中

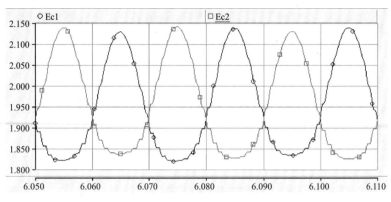

图 5-19　子模块电容电压波动量示意图

的能量不损失；对于辅助子模块，如果 VT12 开通，则负载电流无法进入 C_{SM2}，其电压不会上升，如果 VT12 闭锁，则负载电流会通过 VD11 流入 C_{SM1} 中，C_{SM2} 释放的能量和电感中的能量同时注入 C_{SM1} 中，造成其电压的升高。因此造成电容电压升高的能量是另外一个电容释放的能量和电感能量的共同作用，因此电容电压正波动量要高于负波动量。但由于辅助子模块和试品子模块的参数完全一致，两个子模块电容电压的正、负波动量分别相等。

如果设子模块电容正波动量为 ΔU_1 而负波动量为 ΔU_2，则子模块电压的最大值 $U_{\max}=U+\Delta U_1$，因此修正式（5-14）可得到负载上的电流的最大值如下

$$I_{\max} = \frac{(U + \Delta U_1)M}{\omega_0 L} \qquad (5-15)$$

同时当试验电路进入稳定状态之后，由于电路中无功能量守恒，因此可以得到

$$\frac{1}{2} \cdot L \cdot I_{\max}^2 = \frac{1}{2} \cdot C \cdot (U + \Delta U_1)^2 + \frac{1}{2} \cdot C \cdot (U - \Delta U_2)^2 - \\ \frac{1}{2} \cdot C \cdot U^2 - \frac{1}{2} \cdot C \cdot U^2 \qquad (5-16)$$

化简上式可得

$$\frac{LI_{\max}^2}{C} = 2U \cdot (\Delta U_1 - \Delta U_2) + \Delta U_1^2 + \Delta U_2^2 \qquad (5-17)$$

在仿真中发现，当交流电源 U_{ac} 和 M 保持不变，而仅通过改变负载 L 的大小来改变主电路谐振电流的大小时，ΔU_1 和 ΔU_2 存在线性的关系，即存在如下关系式

$$\Delta U_2 = \lambda \Delta U_1 \qquad (5-18)$$

将式（5-18）分别代入式（5-14）和式（5-17）并联立求解可得

$$\Delta U_1 = U \cdot \frac{M^2 - \alpha + \alpha\lambda^2 \pm \sqrt{-M^2\alpha + 2M^2\alpha\lambda + \alpha^2 - 2\alpha^2\lambda + \alpha^2\lambda^2 + M^2\alpha\lambda^2}}{\alpha\lambda^2 + \alpha - M^2}$$

$$(5-19)$$

其中 $\alpha = \omega_0^2 LC$ ，是工频下负载的感抗与子模块电容器容抗的乘积。

由于 IGBT 的开关过程很复杂，从半导体物理的角度分析无法得到关于 di/dt 和 du/dt 的精确表达式，所以稳态电路中 IGBT 的 di/dt 和 du/dt 应力，可用简化近似表达式来表示。

$$\begin{cases} \dfrac{di}{dt} \approx \dfrac{g_{fs}}{C_{GC}} i_g \approx \dfrac{u_{GE} - u_{GE(th)}}{\dfrac{C_{GC}R_G}{g_{fs}} + L_E} \\ \\ \dfrac{du}{dt} \approx \dfrac{u_{GE(th)}}{C_{GE} \cdot R_G} + \dfrac{u_{GE} - u_{GE(th)}}{g_{fs}^2 \cdot C_{GE} \cdot R_G} \end{cases} \quad (5-20)$$

其中，R_G 是门级驱动电阻，L_E 是门极控制回路和射极电流回路公共部分的电感，g_{fs} 是 IGBT 的正向转移斜率，又称跨导，其表达式如下

$$g_{fs} = \frac{z}{\alpha l} \frac{\mu_{eff} C_{OX}}{1 - \alpha_{pnp}} [u_{GE} - u_{GE(th)}] \quad (5-21)$$

式中：l、z 分别是 IGBT 内部导电沟道的长和宽；μ_{eff} 是反型沟道中电子的平均迁移率；C_{OX} 是单位面积的栅极氧化层电容。

从式（5-19）可以看出，IGBT 的电流电压变化率主要和门级驱动有关，虽然 IGBT 所处外电路的特性会改变 C_{GE}、C_{GE} 及 IGBT 开关时间等参数，且 g_{fs} 也会随着 IGBT 的端电压和电流发生改变，但这些改变在换流器的稳态条件下几乎可以忽略。因此可知，稳态下 IGBT 换流器的 di/dt 和 du/dt 主要是与门级驱动和有关而和 IGBT 所处的电路外特性无关，但 di/dt 和 du/dt 对换流器带来的影响却和换流器的连接方式和主电路杂散参数有直接关系。

电路中换流器的损耗需用估算的方式计算。需要估算的损耗包括 IGBT 和 FWD 的通态损耗、IGBT 的开关损耗和 FWD 的关断损耗。

由于 IGBT 器件的驱动采用的是 SPWM 方式，从电路的仿真波形中可以看出，上下 IGBT 器件承担的电流是相同的，且在每个 IGBT 器件中，IGBT 和 FWD 上的电流也是平均分配的，因为估算器件损耗，需要获得流过器件电流的平均值，而如果认为负载电流为正弦，则负载电流平均值等于其有效值，可用下式表达

$$I_{av} = I_{RMS} = \frac{1}{\sqrt{2}} I_{max} = 0.707 I_{max} \quad (5-22)$$

则试品子模块中 T_{21}、D_{21}、T_{22}、D_{22} 的平均电流均为 $0.25I_{av}$，因此可以得到试品子模块中 IGBT 器件的通态损耗 P_{sat}

$$P_{sat} = \frac{I_{max}}{2\sqrt{2}} \cdot [U_{CE(sat)} + U_{D(sat)}] \tag{5-23}$$

式中：$U_{CE(sat)}$ 和 $U_{D(sat)}$ 分别为相应平均电流下 IGBT 和 FWD 的通态压降。

IGBT 的开关损耗 P_{sw} 和 FWD 的关断损耗 P_{Doff} 分别由式（5-24）和式（5-25）给出

$$P_{sw} = f_C(E_{on} + E_{off}) \tag{5-24}$$

$$P_{Doff} = f_C E_{rec} \tag{5-25}$$

式中：E_{on} 和 E_{off} 分别对应 IGBT 平均电流下的单脉冲开通和关断的能量；E_{rec} 是 FWD 在相应平均电流下的反向恢复能量，以上数据均可在 IGBT 数据手册中得到。

C_{SM2} 的损耗可估算，其上的电流即子模块上管 IGBT 器件的电流，应为 $0.5I_{av}$，因此可以得到 C_{SM2} 的损耗估算表达式为

$$P_{SMC} = 0.25I_{av}^2 \cdot \left(\frac{\tan\delta_0}{C_0} \cdot 2\pi f_C + R_{ESR} \right) = \frac{I_{max}^2}{8} \cdot \left(\frac{\tan\delta_0}{C_0} \cdot 2\pi f_C + R_{ESR} \right) \tag{5-26}$$

综上可以得到谐振电路中换流器的应力数学模型。

$$
\begin{cases}
U_F = U + \Delta U_1 \\[2mm]
i_F = \dfrac{(U + \Delta U_1)r}{\omega_0 L} \sin(\omega_0 t) \\[3mm]
\dfrac{di}{dt} \approx \dfrac{g_{fs}}{C_{GC}} i_g \approx \dfrac{[u_{GE} - u_{GE(th)}]g_{fs}}{C_{GC}R_G + L_E g_{fs}} \\[3mm]
\dfrac{du}{dt} \approx \dfrac{u_{GE(th)}}{C_{GE}R_G} + \dfrac{u_{GE} - u_{GE(th)}}{g_{fs}^2 C_{GE}R_G} \\[3mm]
P = P_{sat} + P_{sw} + P_{Doff} = \dfrac{I_{max}}{2\sqrt{2}} \cdot [U_{CE(sat)} + U_{D(sat)}] + f_C \cdot (E_{on} + E_{off}) + f_C \cdot E_{rec} \\[3mm]
P_{SMC} = 0.25I_{av}^2 \cdot \left(\dfrac{\tan\delta_0}{C_0} \cdot 2\pi f_C + R_{ESR} \right) = \dfrac{I_{max}^2}{8} \cdot \left(\dfrac{\tan\delta_0}{C_0} \cdot 2\pi f_C + R_{ESR} \right) \\[3mm]
\Delta U_1 = U \cdot \dfrac{M^2 - \alpha + \alpha\lambda^2 \pm \sqrt{-M^2\alpha + 2M^2\alpha\lambda + \alpha^2 - 2\alpha^2\lambda + \alpha^2\lambda^2 + M^2\alpha\lambda^2}}{\alpha\lambda^2 + \alpha - M^2}
\end{cases}
$$
$$\tag{5-27}$$

式中：$\alpha = \omega_0^2 LC$，λ 是当交流电源 U_{ac} 和调制比 M 保持不变时，子模块电容电压正、负波动量的比值。

5.2.1.4 多级子模块稳态试验电路设计

在子模块试验电路中，由于逆变单相试验电路上下桥臂子模块数量为1，因此在负载电感上的电压为两电平，因此其电流为对称三角波。如果将试品改为级联方式的换流器从而增加上下桥臂的子模块数量，则负载上的电压为多电平电压，其电流会随着子模块数量的增加更接近于正弦波。IEC52501 中规定换流器串联的级数通常要大于等于 5，如果级数小于 5，则在试验中需要试验参数需要乘以一定的安全系数，任何时候串联的级数不能低于 3。虽然随着输出电平数的增加，负载电流更接近正弦，但对于电源电压的要求也随之增高，因此需要折中考虑，但是为了使得输出电压存在 "0" 电平，上下桥臂子模块的数量应选择偶数，即 6、8 或 10。稳态试验电路如图 5-20 所示。

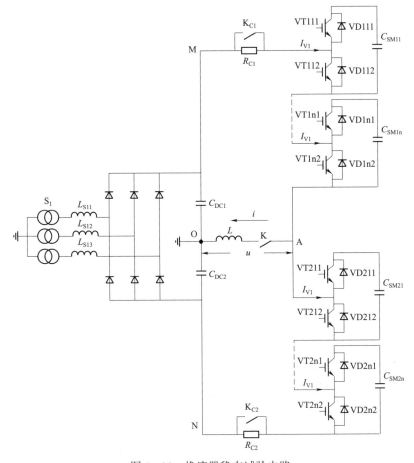

图 5-20 换流器稳态试验电路

如果上、下桥臂子模块数量为 n，则从电路的拓扑上看，换流器稳态试验电

路本质是一个 $n+1$ 电平换流站的一个相单元，其中上桥臂为试品换流器，下桥臂为辅助换流器，为了使得电路能对实际工况进行充分的等效，辅助换流器和试品换流器同样都是实际工程使用的换流器。虽然对于实际的工程来讲，换流站子模块的数量要远远大于试验电路中采用的子模块数量，但所存在的差别也只是电流的谐波含量，因此如图 5−20 所示的换流器稳态试验电路可以做到产生的应力与实际应力充分的等效。

在换流器稳态试验电路中，由于上下桥臂使用了多个子模块，因此在设计 IGBT 的驱动中需要考虑加入电容平衡控制策略，以防止某个子模块的电容器过度放电或过度充电造成的输出电压失真。

在电路开始工作之前，断开负载开关 K，首先建立直流电容器电压，并触发下桥臂所有子模块的下管 IGBT 开通，对上桥臂子模块电容器进行充电，待电容电压达到额定试验电压后，闭锁下桥臂所有子模块的下管 IGBT 并触通上桥臂所有子模块的下管 IGBT，对下桥臂子模块电容器进行充电。充电结束后，闭合充电电阻旁路开关 K_{C1}、K_{C2}。闭合 K，并发出试品换流器和辅助换流器的驱动脉冲，使电路进入平衡状态。

以 11 电平（即 $n=10$）的换流器稳态试验电路为例，建立换流器稳态试验电路的电磁暂态模型进行仿真。电路输出电压和电流波形如图 5−21 所示。

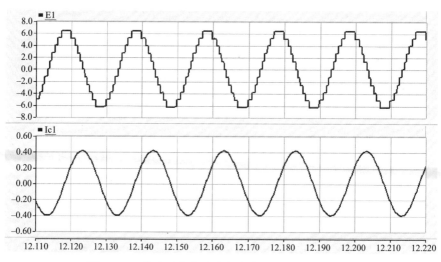

图 5−21 换流器稳态试验电路输出电压和电流波形

子模块中 IGTB 器件电流波形如图 5−22 所示，子模块输出电压波形如图 5−23 所示。

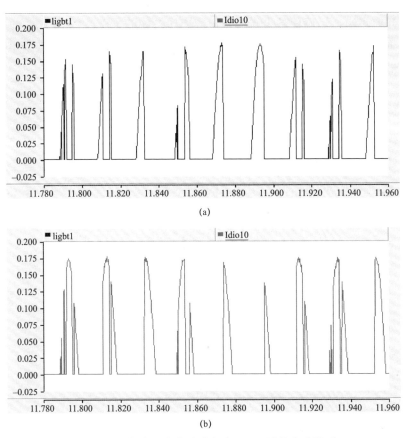

图 5-22 换流器稳态试验电路 IGBT 器件电流波形

（a）IGBT 电流波形；（b）FWD 电流波形

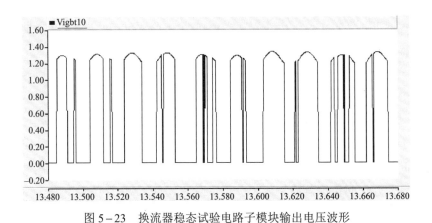

图 5-23 换流器稳态试验电路子模块输出电压波形

从图 5-22 和图 5-23 所示的 IGBT 器件电流和子模块输出电压波形可以看出，在考虑电容平衡策略后，IGBT 可能会根据子模块电容电压的高低，在一个周期内开通多次，以确保各个子模块电容电压之间的平衡。

如果设交流充电电源的线电压为 U_{ac}，则根据前面对逆变单相试验电路的分析，子模块电容电压应为

$$U_{SM} = \frac{\sqrt{2}U_{ac}}{n} \qquad (5-28)$$

在优化电容平衡策略的控制下，电容电压的波动可以控制在理想的范围之内，因此电压表达式中省去电压波动量的表达式，同时较小的电容电压波动对负载电压的影响可以忽略，因此 L 上的电压峰值为

$$U_L = \frac{\sqrt{2}U_{ac}}{2n} \qquad (5-29)$$

若认为负载电流是正弦波，则负载电流 i 可用下式表达

$$i = \frac{\sqrt{2}U_{ac}}{2n} \cdot \sin(\omega_0 t) \qquad (5-30)$$

式中：ω_0 为工频角频率。

如果用负载电流的有效值代替其平均值，则有如下等式成立

$$I_{av} = I_{RMS} = \frac{U_{ac}}{2n} \qquad (5-31)$$

由于在换流器稳态试验电路中，采取了电容平衡的控制策略，因此要根据实际运行中子模块电容器电压的高低和子模块电流的方向来选择开通和关断上管 IGBT 对电容器进行充电或放电，上下 IGBT 器件电流的分配不得而知，但由于上下 IGBT 的参数差别很小，因此对于电路损耗的估算可以针对一个 IGBT 器件来进行，同时近似认为电流在同一个模块的 IGBT 和二极管中平均分配。由此可以得到每个子模块开关器件的损耗为

$$P_{Ti} = \frac{U_{ac}}{4n} \cdot [U_{CE(sat)} + U_{D(sat)}] + f(E_{on} + E_{off}) + f E_{rec} \qquad (5-32)$$

式中：f 是考虑加入电容平衡控制策略之后 IGBT 的实际最大开关频率。

由于电容平衡控制策略的影响，子模块中上管 IGBT 器件的开通时间要略高于下管 IGBT，因此子模块电容器的平均电流需要根据实际电路的电容电流波形进行估算，方法同换流器稳态应力分析，通过 MATLAB 软件对电容实际电流波形进行计算得出，则子模块电容器的损耗可由式（5-32）估算。

$$P_{SMCi} = \frac{1}{T} \int_0^T i_{SMCi}^2(t) dt \cdot (\tan \delta_0 / C_0 \cdot 2\pi f + R_{ESR}) \qquad (5-33)$$

稳态电路中 IGBT 的 di/dt 和 du/dt 应力，仍可用式（5-19）来表示。

由此可得到换流器稳态试验电路的数学模型如下

$$
\begin{cases}
U_{\mathrm{F}} = \dfrac{\sqrt{2}U_{\mathrm{ac}}}{n} \\[2mm]
i_{\mathrm{F}} = \dfrac{\sqrt{2}U_{\mathrm{ac}}}{2n} \cdot \sin(\omega_0 t) \\[2mm]
\dfrac{di}{dt} \approx \dfrac{g_{\mathrm{fs}}}{C_{\mathrm{GC}}} i_{\mathrm{g}} \approx \dfrac{[u_{\mathrm{GE}} - u_{\mathrm{GE(th)}}]g_{\mathrm{fs}}}{C_{\mathrm{GC}}R_{\mathrm{G}} + L_{\mathrm{E}}g_{\mathrm{fs}}} \\[2mm]
\dfrac{du}{dt} \approx \dfrac{u_{\mathrm{GE(th)}}}{C_{\mathrm{GE}}R_{\mathrm{G}}} + \dfrac{u_{\mathrm{GE}} - u_{\mathrm{GE(th)}}}{g_{\mathrm{fs}}^2 C_{\mathrm{GE}}R_{\mathrm{G}}} \\[2mm]
P_{\mathrm{Ti}} = \dfrac{U_{\mathrm{ac}}}{4n} \cdot [U_{\mathrm{CE(sat)}} + U_{\mathrm{D(sat)}}] + f(E_{\mathrm{on}} + E_{\mathrm{off}}) + fE_{\mathrm{rec}} \\[2mm]
P_{\mathrm{SMCi}} = \dfrac{1}{T}\displaystyle\int_0^T i_{\mathrm{SMCi}}^2(t)dt \cdot (\tan\delta_0 / C_0 \cdot 2\pi f + R_{\mathrm{ESR}})
\end{cases}
\tag{5-34}
$$

5.2.2　稳态试验等效性分析

（1）电流的等效。与子模块稳态运行电路的试验方法类似，试验电路的电流为正负最大值相等的正弦波，这样可以消除由于试品来自整流站和逆变站的不同所带来的差别。因此这种试验方法可以同时检验换流器对两种运行工况下应力的耐受性，可以实现换流器电流与实际工况的等效。

（2）电压的等效。通过控制试验电路中充电电源电压可以达到控制试品换流器子模块电容电压的大小。对于电容电压波动，换流器试验电路中由于采用的模块数较少，因此电容平衡及桥臂电压平衡的效果要较实际工况略差，电容电压波动要略高于实际工况，但对于高压子模块电容电压及试验效果的影响并不大，因此可以实现换流器的电压与实际工况的基本等效。

（3）di/dt 和 du/dt 的等效。与子模块稳态试验电路的分析相同，可以实现 di/dt 与实际的等效和 du/dt 参数与实际的基本等效。

（4）开通电流尖峰的等效。由于稳态试验电路中使用了与试品换流器性质相同的辅助换流器，因此在电流等效的前提下，由于二极管恢复时而在对称位置换流器上引起的开通电流尖峰参数也可以实现与实际的等效。

（5）关断电压尖峰的等效。换流器上出现的关断电压尖峰是由于换流器在关断时的 di/dt 作用在主电路杂散电感上引起的，在 di/dt 等效的基础上，且试品是实际工程运行的子模块，因此可以实现换流器关断电压尖峰与实际的等效。

（6）温度的等效。换流器的温度主要和换流器的功耗与散热系统有关。在换流器的通态电流等效的基础上，换流器的通态损耗与实际等效；但由于试验电路考虑到电容平衡控制，为了抵消桥臂子模块数较少带来电容平衡控制较难的损失，在电路中会适当提高 IGBT 的开关频率，因此虽然在电流尖峰和电压尖峰可以等效的前提下，换流器的开关损耗要略高于实际工况，而子模块电容器的损耗与实际基本等效。由于换流器的总损耗要略高于实际工况。这就需要在试验电路运行过程中，通过换流器水冷系统的流量来对换流器的温度进行调节，如果流量的调节是以调节换流器温度为目的，则可以认为温度也可以实现与实际的等效。

5.2.3 暂态试验电路设计

换流器的暂态试验中过电流关断试验针对一个子模块中两个 IGBT 同时导通的工况，因此过电流关断试验电路可以采用与串联换流器相同的试验方法和试验电路，不同之处在于试验中的试品换流器和控制换流器均为单个 IGBT 器件而非串联 IGBT。

本小节主要分析换流器短路电流的试验方法。在进行试验之前首先应将试品的温度升高至稳态工况的最大值；再向试品注入短路电流；6ms 之后触发保护晶闸管；120ms 之后开始间隔 20ms 向试品注入反向电压，在此期间持续发出晶闸管触发脉冲；200ms 后停止试验。

5.2.3.1 多组 LC 振荡合成试验电路

电流一共有 10 组半波电流和一组衰减的电流组成，因此需要 11 组 LC 振荡电流来合成这个电流，电路如图 5-24 所示。

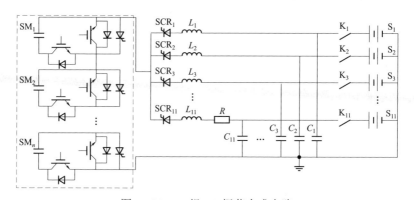

图 5-24　11 组 LC 振荡合成电路

如图所示，$S_1 \sim S_{11}$ 是 11 组独立的直流电源，为电容器 $C_1 \sim C_{11}$ 提供充电的电能；$K_1 \sim K_{11}$ 是充电控制开关；$SCR_1 \sim SCR_{11}$ 是控制晶闸管；$L_1 \sim L_{11}$ 是与电容

器形成谐振电路的电感；R 是为了模拟最后一组衰减电流而引入的阻尼电阻；$SM_1 \sim SM_n$ 是 n 个试品子模块。其中第 1~10 组振荡电路提供 10 组幅值不同但脉宽相同的电流脉冲，第 11 组振荡电流提供最后一组衰减电流。

闭合充电开关，另直流电源给电容器充电，当电容器的电压达到试验电压之后，断开充电开关。通过对 $SCR_1 \sim SCR_{11}$ 触发时间的控制，分别将 11 组 LC 振荡回路产生的电流注入试品换流器中，以模拟 10 个电流脉冲和最后一组衰减电流。在试验后半段，需控制 $SCR_7 \sim SCR_{11}$ 的开通时间，保证在两个电流脉冲之间有一个时间间隔，以在试品换流器上注入 4 组反向电压。

11 组 LC 振荡合成电路试品电流电压波形如图 5-25（a）所示，其中坐标轴以上的是电流波形，坐标轴以下的是电压波形；试验中，6ms 触发保护晶闸管，则晶闸管和二极管中电流波形如图 5-25（b）所示。

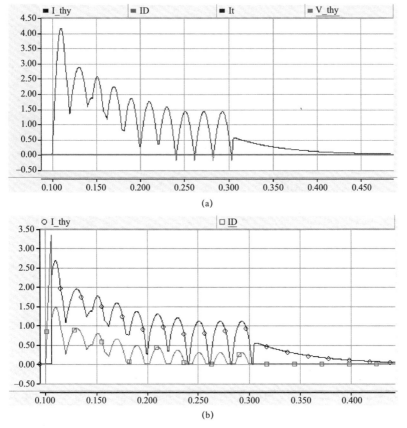

图 5-25 11 组 LC 振荡合成电路试品电流电压波形示意图
（a）子模块电流电压波形；（b）二极管和晶闸管电流波形

在保证第一个电流脉冲峰值为 4000A 的前提下，试验电路中晶闸管温升曲线如图 5-26 所示。可见多组 LC 振荡合成电路中晶闸管的温升为 24.5℃，发生在故障之后的约 80ms 时。

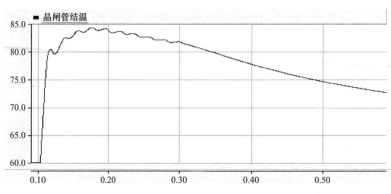

图 5-26　11 组 LC 振荡合成电路晶闸管温升曲线

5.2.3.2　双电源合成试验电路

短路电流在第一个电流脉冲过后的电流是一个指数衰减的电流、一个幅值为 I_{sin} 的等幅正弦电流与一个偏置直流电流的叠加。基于这种考虑，设计了双电源合成试验电路，电路拓扑图如图 5-27 所示。

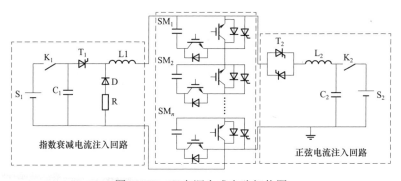

图 5-27　双电源合成电路拓扑图

双电源合成电路由两组电源构成，试品换流器左边为指数衰减电流注入回路，由直流电源 S_1、充电开关 K_1、控制晶闸管换流器 T_1、振荡电容 C_1 和振荡电感 L_1 及阻尼电阻 R 和二极管换流器 D 组成。可为试品提供第一个电流脉冲和之后的指数衰减电流；右边为正弦电流注入回路，由直流电源 S_2、充电开关 K_2、双向控制晶闸管换流器 T_2、振荡电容 C_2 和振荡电感 L_2 组成。可为试品提供叠加的正弦电流。

试验之前闭合 K_1、K_2 分别对 C_1、C_2 进行充电，待充电至额定值之后，断开

K_1、K_2，首先触发 T_1 使得 C_1、L_1 和试品二极管形成 LC 振荡回路，延迟 5ms 后，触发 T_2，将 C_2、L_2 谐振形成的正弦电流叠加至试品；10ms 之后，C_1 电压反向，T_1 因承受反向电压而关断，此时由电阻 R 和二极管 D 为 L_1 的电流提供续流通路，并形成一个指数衰减的电流与试品右边的正弦电流相叠加。200ms 之后当 T_2 电流过零时闭锁 T_2，正弦电流电源退出工作，只有指数衰减电流持续作用在试品换流器上，直到电流衰减完毕。基于电流合成的方式，双电源合成电路可以很好地模拟实际工况下试品换流器上的短路电流。

正弦电流注入回路的实现有两种方法，一种方式是直接利用单相低压大电流变压器的二次侧经限流电阻输出工频正弦电流；另一种方式是，利用 LC 振荡电路产生工频正弦电流。

利用单相变压器经限流电阻直接输出低压大电流，此时正弦电流注入电路的拓扑图如图 5－28 所示。图中 T22 是调压器，用以调节低压大电流变压器 T21 的输出电压，将 T22 放置于高压侧是为了提高调节精度。R_L 是限流电阻，用以产生大电流，R_B 是偏置电阻，为了抑制输出电流中的直流偏置。

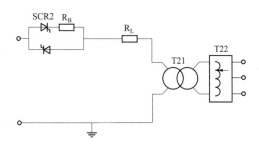

图 5－28 变压器直接输出正弦电流电路拓扑图

偏置电阻 R_B 的作用比较特殊，如果电路中不增加 R_B，输出电流的波形如图 5－29 所示。

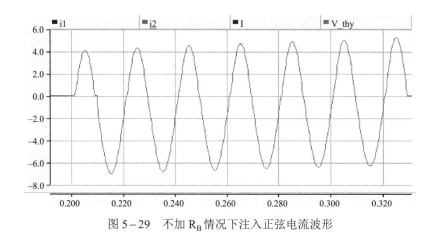

图 5－29 不加 R_B 情况下注入正弦电流波形

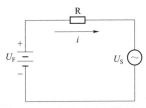

图 5-30 直流偏置分析等效电路

从图中可以看出,正弦电流产生了直流偏置,而不是对称的正弦电流。分析其原因如下,回路的等效电路如图 5-30 所示。

由于在试验过程中晶闸管(二极管)始终处于导通状态,其通态压降 U_F 始终为上正下负,如图中所示。因此当 U_S 的方向为上正下负时,电流的方向为从电源流入试品,此时回路中电流的表达式为(U_S-U_F)$/R$。

而当 U_S 的方向为上负下正,即电流为图中 i 的方向时,回路中电流的表达式为(U_S+U_F)$/R$,由于 U_S 的值保持不变,且幅值较小,因此 U_F 的影响无法忽略,造成电流的方向为流入试品时的幅值较小,而当电流方向为流入电源时的幅值较大。

从图 5-30 中还可看出,正向电流的幅值在逐渐增加而负向电流的幅值在逐渐减小,引起这种现象的原因在于,试品换流器中电流随着衰减电流幅值的减小而减小,因此其通态压降即 U_F 也随之降低的缘故。

加入偏置电阻 R_B 之后的正弦电流波形如图 5-31 所示。

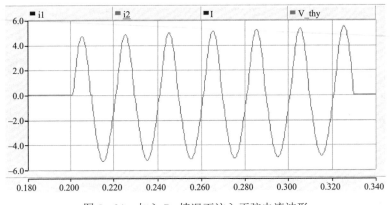

图 5-31 加入 R_B 情况下注入正弦电流波形

利用 LC 振荡输出正弦电流,此时正弦电流注入电路的拓扑图如图 5-32 所示。

由于回路电阻很小,属于二阶零输入响应中的振荡放电过程,因此在合理设计参数的情况下,电路可以输出幅值可调的工频正弦电流,如图 5-33 所示。

从图中可以看出,电流的幅值会有一定的衰减,这是由于回路中各种电阻的作用,会消

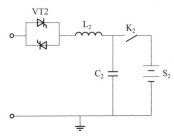

图 5-32 LC 振荡输出正弦电流电路拓扑图

耗电容中储存的能量，且由于没有电源及时的补充，造成电流幅值的衰减。

两种方案的对比结果见表 5-6。

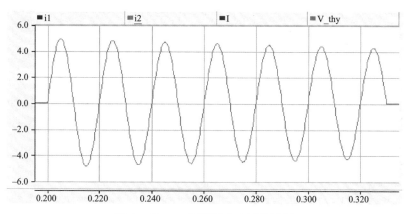

图 5-33　LC 振荡输出电流波形图

表 5-6　　　　　　　　　　正弦电路注入回路实现方案对比结果

对比项目	变压器直接输出	LC 振荡输出
电源容量	很低	很高
电路复杂程度	较低	很高
电流波形	幅值略有衰减	畸变较严重
试品反压的施加	无法灵活控制	可灵活控制

对于 LC 振荡电路中，电源的作用只是给电容器进行充电，其对电源容量的要求受限于充电时间的长短，但充电时间的长短只是试验准备时间的长短，因此充电电源的容量可以最大限度地降低；而对于变压器直接输出，虽然电压很低但由于输出电流很大，变压器的容量仍然较高；

从前面的分析可知，在试验过程中，由于通态压降的影响，使用低压大电流变压器时，正弦电流产生了较大的直流偏置，需要通过增加偏置电阻 R_B 予以消除，且由于门槛电压的影响，在变压器电压建立之后的一段时间内，回路无电流输出，引起正弦电流的畸变。而采用 LC 振荡输出，C_2 的电压可以选择较高的幅值，随着电源电压的增加，这两种电压的影响会随之减小，输出的电流波形较好，但由于试验过程中 C_2 无能量补充，电流幅值会有所衰减；

采用 LC 振荡电路，可以取消负载电阻 R_L 和偏置电阻 R_B 两个大功率小阻值的电阻。两个电阻的阻值均为 $10m\Omega$ 左右，瞬时功率很高，设计与制造较难，且不易控制，取消两个电阻的使用即可大大简化正弦电流注入电路的设计；

使用变压器提供正弦电流时，试品电流过零之后，反向电压可多次施加与试品之上；而使用 LC 振荡电路产生正弦电流，则需在试品电流过零后马上施加反向电压，且只能施加一次。因为在试品电流过零后，C2 上的电压无法反向，无法继续提供试品所需的正弦电流。

因此综合比较结果，正弦电流注入回路选择 LC 振荡电路的拓扑形式。

双电源合成试验电路中试品电流电压波形如图 5－34（a）所示，其中坐标轴以上为电流波形，坐标轴以下为电压波形。试验中，6ms 触发保护晶闸管，则晶闸管和二极管中电流波形如图 5－34（b）所示。

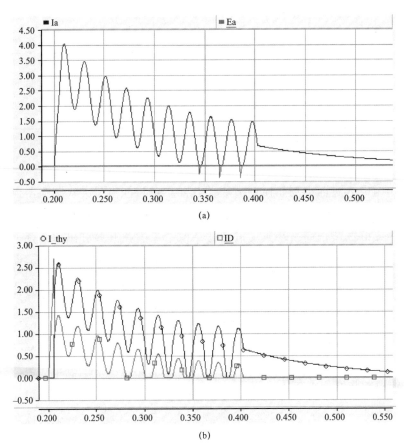

图 5－34　双电源合成电路试品电流电压波形图
（a）试品电流电压波形；（b）二极管和晶闸管电流分配示意

在保证第一个电流脉冲峰值为 4000A 的前提下，试验电路中晶闸管温升曲线如图 5－35 所示。双电源合成电路中晶闸管的温升为 24.8℃，发生在故障之后的约 80ms 时。

5.2.3.3 多组 LC 震荡合成试验电路和双电源合成试验电路对比

对两种短路电流试验电路进行对比，结果见表 5-7。

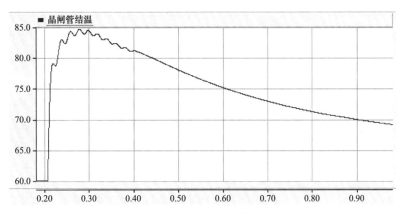

图 5-35 双电源合成电路晶闸管温升曲线

表 5-7 短路电流试验电路对比结果

对比项目	多组 LC 振荡合成电路	双电源合成电路
电路拓扑	复杂	较简单
控制复杂程度	较高	较低
电源及容量	多组电源，容量较小	双电源，容量较小
换流器电流等效性	等效	几乎完全一致
换流器电压等效性	等效	较难等效

对于多组 LC 振荡电路，如果要达到与实际等效的电流，需要 11 组 LC 振荡电路，电路拓扑和控制复杂程度都较高；而双电源合成电路物理概念清晰，电路拓扑简单，控制复杂程度也较低。

每个电流脉冲均是用半波正弦来代替整体偏置的交流全波，在电流等效性上较双电源合成电路差，但由于电流的主要影响器件的发热，因此在电流的热效应方面与双电源合成电路相近，从两种电路中晶闸管的最大温升和最大温升发生的时间可以得出上述结论。

最大的特点在于其电路的灵活性，11 组 LC 振荡电路相互独立，可以通过晶闸管的触发时间来控制施加在换流器上的反向电压；但对于双电源合成电路，由于利用了指数衰减电流和正弦电流的叠加，因此如果要在换流器上施加反向电压，需在恰当的时间是的二者叠加之和恰为零，这对指数衰减电流电源回路的参数设计提出了相当高的要求，同时由于换流器的反向电压来自于衰减电流在 L1 和 R 上产生的电压降，不易控制试品的反向电压成了双电源合成电路的缺点。

5.2.3.4 换流器暂态试验电路设计

依据换流器暂态试验的需求，可以将双电源合成试验电路进行升级修改，进行更新改进的措施是：针对双电源合成试验电路在不易提供试品反向电压方面的不足，对双电源合成试验电路进行改进，增加一组回路为试品提供可控反向电压，使得试验电路的电源回路由两组增加至三组，三电源合成试验电路的电路拓扑图如图 5 - 36 所示。

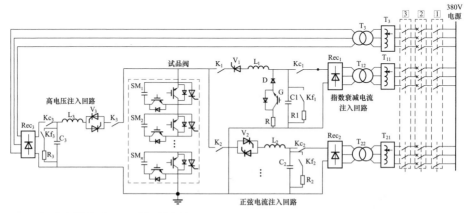

图 5 - 36　三电源合成电路拓扑图

三电源合成试验电路与双电源合成试验电路相比，改变的地方在于：指数衰减电流电路中，将不可控器件二极管 D 更改为 IGCT 器件，主要原因在于，需要控制指数衰减电流关断，同时由于电流较大，因此器件使用 IGCT 而不是 IGBT。增加一组电路，用以提供试品换流器的反向电压，电路是一组 LC 振荡电路，当电容 C_3 电压反向时，可将其上的反向电压施加于试品换流器上。

在指数衰减电流注入电路单独作用下，电流波形如图 5 - 37 所示。

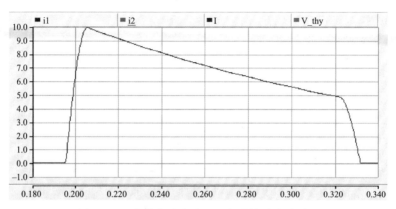

图 5 - 37　指数衰减电流注入电路输出电流波形

L_1、C_1 形成振荡电路，电流达到峰值后，开通 IGCT 器件，另电阻 R 负责为 L_1 中的电流提供通路，选择合适的电阻大小可以控制电流衰减的快慢，通过改变电压、电容和电感的数值可以改变电流的峰值。通过改变 IGCT 关断的时刻来控制试验的时间和反向电压施加的时刻。

正弦电流注入电路单独作用下，电流波形如图 5-38 所示。

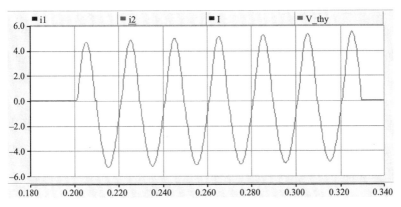

图 5-38　正弦电流注入电路输出电流波形

利用低压交流源产生幅值较高的正弦交流电流，通过 VT2 导通时间的控制，将正弦电流叠加至指数衰减电流，达到合成电流以模拟实际电流的目的。

反向电压电路单独作用的电流电压波形如图 5-39 所示（坐标轴之上为电流波形，坐标轴之下为电压波形）。

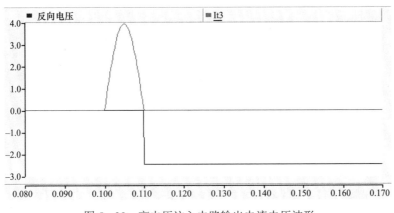

图 5-39　高电压注入电路输出电流电压波形

利用 LC 振荡电路，在第一个电流过后，电容电压反向，由于试品的单向导通性，电容电压方向后不会再有电流的通路，反向之后的电容电压会施加于试品电压。通过改变 C_3 充电电压的大小来调节施加于试品上反向电压的大小（如果忽略回路中的电阻，可认为反向电压的大小和 C_3 充电电压的大小一样），通过改变 L_3 的大小来控制放电电流的大小。

试验开始时，首先触发 VT1，另指数衰减电流施加于试品之上，间隔时间 t_1 之后，触发 VT2，t_1 的选择要使得衰减电流达到峰值的时刻与正弦电流达到最大值的时刻重合，这样两个电流的叠加形成试品上第一个脉冲电流。

试验进行过程中，达到需要施加正向电压的时刻之前。在正弦电流为正向上升时期，即换流器 VT2 下管晶闸管导通的时期闭锁 IGCT 器件，同时不再发出 VT2 上管晶闸管的触发脉冲，衰减电流消失，正弦电流在下降至零后，VT2 上管晶闸管由于电流过零而关断，指数衰减电流电路和正弦电流电路退出工作。延迟时间 t_2（根据试验需要确定）后，触发换流器 VT3，另反向电压电路开始工作，在试品上形成一个电流脉冲后，C_3 电压反向并将反向电压施加于试品之上。试验结束。试品上的电压和电流波形如图 5－40 所示（坐标轴之上为电流波形，坐标轴之下为电压波形）。

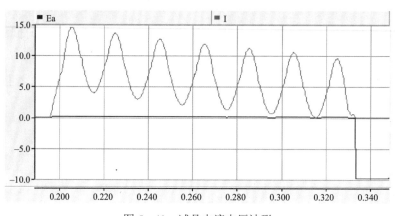

图 5－40　试品电流电压波形

5.2.4　暂态试验等效性分析

5.2.4.1　换流器短路电流试验等效性分析

（1）电流峰值的等效。无论是多组 LC 振荡合成电路还是双电源合成电路，第一个电流脉冲的大小均可控，利用参数的配合即可实现电流峰值的等效。

（2）电压的等效。多组 LC 振荡合成电路中，施加电压的大小可通过电容器的充电电压和回路中的阻容参数配合予以调节，施加电压的时间可由晶闸管的投入时间来调节；双电源合成电路中，电压的大小和时间可以通过对参数的优化设计予以实现。因此两种电路均可实现电压的等效。

（3）晶闸管温升的等效。多组 LC 振荡合成电路中，虽然电流波形与实际有所差别，但电流在晶闸管产生的热效应与实际是基本等效的；双电源合成电路中，电流波形和实际几乎完全一致，因此可以实现晶闸管温升与实际的等效。

5.2.4.2 换流器过电流关断试验等效性分析

过电流关断试验，首先将换流器加热至最高稳态运行结温，之后施加桥臂直通故障的各种等效应力。在换流器过电流关断试验工况中，根据相关数学模型，分别对换流器各种应力的等效性进行分析如下。

（1）电压的等效性分析。在过电流试验中，关键的电压应力是直流电容的电压，而通过控制充电电源的电压就可以达到控制电容电压的目的。

（2）电流的等效性分析。电压确定，可以根据系统分析确定的主电路参数来选择过电流关断试验电路的杂散参数，由于试品换流器和控制换流器都是实际使用的换流器，换流器本身的电感、电阻参数可以做到完全等效，为了保证过电流上升率等效，杂散电感在引入可调电感之后可以使试验电路的杂散电感尽可能接近或略低于实际工况，因此试验过电流会略高于实际工况，由于型式试验要保证试验应力的严酷程度要等于或略高于实际工况，因此可以认为试验电路的电流应力是与实际等效的。

（3）di/dt 和 du/dt 的等效性分析。在过电流关断试验中，除了换流器门级电路和换流器自身参数的影响之外，回路杂散电感是影响 di/dt 应力的关键因素，由于试验电路的杂散电压要略低于实际工况，因此换流器的 di/dt 应力也会略高于实际工况，但可以认为试验电路的 di/dt 应力是与实际等效的，原因同上；由于采用的试品换流器和辅助换流器与实际相同，试验电路的 du/dt 应力是与实际等效的。

（4）关断电压尖峰的等效性分析。为了保证电流应力和 di/dt 应力与实际工况的等效，回路杂散电感值要比实际略小，造成关断电压尖峰要略低于实际工况，鉴于这种情况，需要在试验中引入一定的电压试验安全系数，如提高电容电压的参数等，以确保试验关断电压尖峰应力要高于实际工况。

（5）最大关断电流的等效性分析。最大关断电流应力即过电流保护在检测到过电流并开始关断时的电流最大值，其主要与换流器驱动中过电流保护的设置有关，在检测并开始关断的时间等效的前提下，由于过电流试验电路的 di/dt 应力要略高，因此最大关断电流也略高于实际工况，但鉴于与 2）、3）条相同的原因，可认为试验电路的最大关断电流应力是与实际等效的。

（6）最大瞬时结温的等效性分析。换流器的最大瞬时结温主要与换流器的最大瞬时损耗有关，当电流处于最大关断电流时，换流器的瞬间损耗达到最大，基于上面的分析可知，试验电路的最大瞬时结温应力是与实际等效的。

5.3 换流器控制保护装置试验

5.3.1 VBC试验项目

（1）射频电磁场辐射抗扰度试验。目的是模拟电网中众多的机械开关在切换电感性负载时或继电器触点弹跳时所产生的干扰。

（2）浪涌抗扰度试验。试验目的是检验 VBC 对由电网中的切换现象、电网中的故障和雷击（直间或间接雷击）引起的单向瞬态电压的抗扰度。

（3）射频场感应的传导骚扰抗扰度试验。目的是检验 VBC 对骚扰源作用下形成的电场和磁场的一种抗扰度

（4）工频磁场抗扰度试验。检验 VBC 对工频发射连续波形式辐射电磁能的装置所产生电磁场的抗扰度。

（5）快速瞬变试验。该试验主要是考验设备对快速瞬变脉冲的抗扰度情况。

（6）静电试验。检查人或物体在接触设备时所引起的放电（直接放电），以及人或物体对设备邻近物体的放电（间接放电）时对设备工作造成的影响。

（7）电压暂降、短时中断和电压变化的抗扰度试验。电压暂降、短时中断是由电网、电力设施的故障突然出现大变化引起的。在某些情况下会出现 2 次或多次连续的暂降或中断。电压变化是由连接到电网的负荷连续变化引起的。

（8）高温试验。目的是检验 VBC 的长时间耐高温能力。

（9）低温试验。目的是检验 VBC 的耐低温能力。

（10）湿热试验。目的是检验 VBC 在湿热环境下能继续运行的能力。

（11）振动试验。目的是检验 VBC 的抗振动能力。

（12）冲击试验。目的是检验 VBC 的抗外部冲击能力。

（13）碰撞试验。目的是检验 VBC 对于意外碰撞的抵抗能力。

5.3.2 VBC试验方法

（1）射频电磁场辐射抗扰度试验。试验前，电波暗室中实验场需要满足多需频率和场强的均匀性（注意避免驻波和扰动反射）。试验主要考验 VBC 设备在不同频率不同场强下受到干扰影响的情况。试验技术参数见表 5-8。

表 5－8　　　　　　　　　　试 验 技 术 参 数

试验项目	场强（V/m）	频率（MHz）	调制频率（kHz）	调制度（%）	入射功率（W）	时间（min）
射频电磁场	10	80～2000	1	80	4～12	15

整个试验采取平行垂直试验方向进行，水平含正面和侧面两面，试验接线框图如图 5－41 所示。

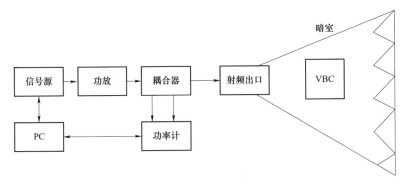

图 5－41　射频电磁场辐射抗扰度试验接线框图

（2）浪涌抗扰度试验。试验等级为电源端口 4 级，差模电压 2kV，共模电压 4kV。连线框图如图 5－42 所示。

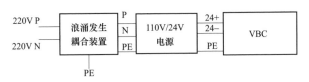

图 5－42　浪涌抗扰度试验接线框图

（3）射频传导抗扰度试验。试验主要考验 VBC 设备在不同频率不同场强下受到干扰影响的情况。试验条件：频率范围 150k～80MHz，干扰电压 10V；施加位置：24V 电源输入。接线框图如图 5－43 所示。

图 5－43　射频传导抗扰度试验接线框图

（4）工频磁场抗扰度试验。工频电磁场主要是考验设备在工频电流环路产生的电磁场对受试设备的影响。本次试验采用最高试验等级，试验参数：磁场强度 400A/m，试验时间 1～3s。

整个试验对 EUT 进行了平行与垂直试验，试验框图如图 5-44 所示。

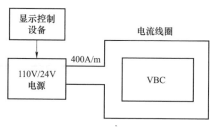

图 5-44　工频磁场试验框图

（5）快速瞬变试验。试验端口是供电电源端口，试验等级是 4 级，即电压峰值 4kV，频率 5kHz。试验示意图如图 5-45 所示。

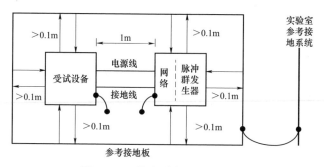

图 5-45　快速瞬变试验示意图

（6）静电试验。本试验采用直接放电方式对受试设备进行静电测试，测试时静电枪头接触板卡盒体从三个方向分别进行放电。要求接触放电通过 4 级。

（7）电压暂降、短时中断和电压变化的抗扰度试验。本试验是对 AC220V 采用电压暂降和短时中断的措施，已达到对试验设备的考验。EUT 设备电压暂降和短时中断扰度试验主要针对 VBC 进行，通过主设备对 AC220V 进行 0%，40%，70%、80%的电压降压过程，持续时间根据降压情况而定；短时中断是供电中断试验等级要求的时间观察试验设备能否正常启动即可，试验连接图如图 5-46 所示。试验等级要求的时间观察试验设备能否正常启动即可。

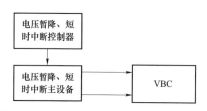

图 5-46　电压暂降、短时中断试验连接图

（8）环境试验。环境试验包括高温试验，低温试验和湿热试验（见表 5-9）。要求在 VBC 工作状态下，在规定的环境中正常工作。

表 5-9　　　　　　　　　　环 境 试 验 参 数

试验名称	试验条件	试验时间（h）
高温试验	（55±2）℃	24
低温试验	（-25±3）℃	2
恒温湿热试验	温度：（40±2）℃； 相对湿度：93%±3%	15

（9）机械强度试验。机械强度试验包括振动试验、冲击试验和碰撞试验。装置应能承受 GB/T 7251.5—2017《低压成套开关设备和控制设备　第 5 部分：公用电网电力配电成套设备》中 15.3 规定的严酷等级为Ⅰ级的振动能力试验；承受该标准 17.5 规定的严酷等级为Ⅰ级的冲击能力试验；承受该标准第 18 章规定的严酷等级为Ⅰ级的碰撞能力试验。

参 考 文 献

[1] 汤广福. 基于电压源换流器的高压直流输电技术 [M]. 北京：中国电力出版社，2010.

[2] Ooi B T，Wang X.Boost-type PWM HVDC transmission system [J]. IEEE Transactions on Power Delivery，1991，6（1）：1557－1563.

[3] Ooi B T，Wang X.Voltage angle lock loop control of the boost type PWM converter for HVDC application [J]. IEEE Transactions on Power Electronics，1990，5（2）：229－235.

[4] Lu W，Ooi B T.Multiterminal LVDC system for optimal acquisition of power in wind-farm using induction generators [J]. IEEE Transactions on Power Electronics，2002，17（4）：558－563.

[5] Asplund G，Eriksson K，Svensson K.DC transmission based on voltage source converter [C]. CIGRE SC14 Colloquium，South Africa，1997.

[6] 汤广福，庞辉，贺之渊. 先进交直流输电技术在中国的发展与应用. 中国电机工程学报，2016，36（07）：1760－1771.

[7] 徐政，陈海荣. 电压源换流器型直流输电技术综述[J]. 高电压技术，2007，33（1）：1－10.

[8] Marquardt R.Stromrichter schaltungen mit verteilt enenergie speichern：German Patent DE10103031A1 [P]. 2001－1－24.

[9] 陈海荣. 交流系统故障时 VSC-HVDC 系统的控制与保护策略研究 [D]. 杭州：浙江大学，2007.

[10] Guangfu Tang，Jonas Lindgren，Joerg Dorn，等. Components Testing of VSC System for HVDC Applications [M]. Paris：CIGRE Press.2011.

[11] Hui Pang，Guangfu Tang，Zhiyuan He.Evaluation of losses in VSC-HVDC transmission system.in：2008 IEEE Power and Energy Society General Meeting-Conversion and Delivery of Electrical Energy in the 21st Century：2008.1－6.

[12] 潘武略. 新型直流输电系统损耗特性及降损措施研究 [D]. 杭州：浙江大学，2008.

[13] 张静. VSC-HVDC 控制策略研究 [D]. 杭州：浙江大学，2009.

[14] Marquardt R，Lesnicar A，Hildinger J.Modulares Stromrichterkonzept für Netzkupplungsanwendung bei hohen Spannungen [C]. ETG－Fachtagung，BadNauhem，Germany，2002.

[15] Glinka M，Marquardt R.A new AC/AC－multilevel converter family applied to a single－phase converter [C]. The Fifth International Conference on Power Electronics and Drive

System，2003.

［16］ Marquardt R，Lesnicar A.New concept for high voltage-modular multilevel converter ［C］．Proceedings of the 34th IEEE Annual Power Electronics Specialists Conference. Aachen，Germany：IEEE，2003：20－25.

［17］ Mei J，Xiao B，Shen K，et al.Modular Multilevel Inverter with New Modulation Method and Its Application to Photovoltaic Grid-Connected Generator ［J］．IEEE POWER ELECTR，2013，28（11）：5063－5073.

［18］ 杨晓峰．模块组合多电平变换器（换流器）研究 ［D］．北京交通大学，2011.

［19］ 杨晓峰，孙浩，郑琼林．双调制波 CPS-SPWM 在模块组合多电平变换器的应用研究 ［J］．电气传动，2011（10）：15－20.

［20］ 徐政．柔性直流输电系统 ［M］．北京：机械工业出版社，2013.

［21］ 班明飞．模块化多电平变换器控制策略的研究 ［D］．哈尔滨工业大学，2013.

［22］ 张冀川．模块化多电平换流器调制策略研究 ［D］．北京交通大学，2016.

［23］ 王坤．模块化多电平换流器电容电压均衡控制及优化研究 ［D］．武汉大学，2018.

［24］ 李金科．模块化多电平变流器环流控制策略研究 ［D］．北京交通大学，2017.

［25］ Tu Q，Xu Z，Xu L.Reduced Switching-Frequency Modulation and Circulating Current Suppression for Modular Multilevel Converters ［J］．IEEE Transactions on Power Delivery，2011，26（3）：2009－2017.

［26］ 武文．子模块故障下的换流器控制策略研究 ［D］．北京交通大学，2017.

［27］ 李文津，汤广福，康勇，等．基于 VSC-HVDC 的双馈式变速恒频风电机组启动及并网控制 ［J］．中国电机工程学报，2014（12）.

［28］ 管敏渊，徐政．两电平 VSC-HVDC 系统直流侧接地方式选择．电力系统自动化，2009，33（5）：55－60.

［29］ 王兆安，黄俊．电力电子技术．4 版 ［M］．北京：机械工业出版社，2001.

［30］ Jiang-Hafner Y，Ekstrom A.General analysis of harmonic transfer through converters.IEEE Transactions on Power Electronics，March 1997，12（2）.

［31］ 赵畹君．高压直流输电工程技术 ［M］．北京：中国电力出版社，2004.8

［32］ 赵朗，艾欣，赖柏竹，王攀，林章岁，林毅．对称双极柔性直流输电系统的运行特性研究 ［J］．华北电力大学学报（自然科学版），2016，04：14－20.

［33］ 李英彪，卜广全，王姗姗，云雷，赵兵，王铁柱，杨大业．张北柔直电网工程直流线路短路过程中直流过电压分析 ［J］．中国电机工程学报．DOI：10.13334/j.0258－8013.pcsee.161156.

[34] 马为民，吴方劼，杨一鸣，张涛．柔性直流输电技术的现状及应用前景分析［J］．高电压技术，2014，08：2429－2439.

[35] Drofenik U，Kolar J W.A general scheme for calculating switching and conduction-losses of power semiconductors in numerical circuit simulations of power electronic systems ［C］．Proceedings of the 5th Intenational Power Electronic Conference，2005.

[36] 屠卿瑞，徐政．基于结温反馈方法的模块化多电平换流器型高压直流输电阀损耗评估［J］．高电压技术，2012，38（6）：1506－1512.

[37] 潘武略．新型直流输电系统损耗特性及降温措施研究［D］．杭州：浙江大学，2008.

[38] 周莹坤，尔敏，齐磊，等．模块化多电平换流器子模块损耗特性仿真分析：第五届电能质量及柔性输电技术研讨会，广州，2014［C］.

[39] 王海田，汤广福，贺之渊，等．模块化多电平换流器的损耗计算［J］．电力系统自动化，2015（02）：112－118.

[40] 汤广福．电力系统电力电子及其试验技术［M］．北京：中国电力出版社．2015.

[41] 贺之渊，汤广福，郑健超．大功率电力电子装置试验方法及其等效机理［J］．中国电机工程学报，2006，26（19）：47－52.

[42] He Zhiyuan，Tang Guangfu，Zheng Jianchao.High power electronics equipment test method and its equivalence mechanism ［J］．Proceedings of the CSEE，2006，26（19）：47－52（in Chinese）.

[43] 查鲲鹏．高压换流器合成全工况试验装置动态特性的分析研究［D］．北京：中国电力科学研究院，2005.

[44] 贺之渊，汤广福，邓占锋，等．新型高压晶闸管换流器过电流试验回路的建立［J］．电网技术，2005，29（19）：22－26.

[45] He Zhiyuan，Tang Guangfu，Deng Zhanfeng et al.A novel overcurrent test equipment for high voltage thyristor valves ［J］．Power System Technology，2005，29（19）：22－26（in Chinese）.

[46] 查鲲鹏，汤广福，温家良，郑健超．灵活用于 SVC 换流器和 HVDC 换流器运行试验的新型联合试验电路［J］．电力系统自动化，2005，29（17）：72－75.

索　引